高层住宅电气设计

王　林　陈德祥　李仕龙　李周林　著

广西师范大学出版社
·桂林·

图书在版编目(CIP)数据

高层住宅电气设计 / 王林等著 . —桂林：广西师范大学出版社，2022.3

ISBN 978-7-5598-4628-0

Ⅰ . ①高… Ⅱ . ①王… Ⅲ . ①高层建筑-电气设备-建筑设计 Ⅳ . ① TU85

中国版本图书馆 CIP 数据核字 (2022) 第 013076 号

高层住宅电气设计

GAOCENG ZHUZHAI DIANQI SHEJI

策划编辑：高　巍
责任编辑：冯晓旭
助理编辑：马竹音
装帧设计：六　元

广西师范大学出版社出版发行

(广西桂林市五里店路 9 号　　邮政编码：541004)
(网址：http://www.bbtpress.com)

出版人：黄轩庄

全国新华书店经销

销售热线：021-65200318　021-31260822-898

凸版艺彩（东莞）印刷有限公司印刷

(东莞市望牛墩镇朱平沙科技三路　邮编码：523000)

开本：787mm×1092mm　　1/16

印张：16.5　　　　　　字数：200千字

2022 年 3 月第 1 版　　2022 年 3 月第 1 次印刷

定价：88.00 元

如发现印装质量问题，影响阅读，请与出版社发行部门联系调换。

前言

做建筑电气设计离不开对规范的理解，设计师既要有基本的电气理论知识，又要理解规范对设计的约束，因此，对规范的理解尤为重要。

建筑电气规范非常抽象、枯燥、难记、难学。设计师即便获取了注册电气工程师证书，但如果只通读规范，做设计有时也会无从下手。事实表明，在没有指导老师带领的情况下，学好建筑电气设计是非常有难度的。为了解决这一难题，本书的编写者从量大面广、容易上手的一类高层住宅建筑着手，将图纸设计与规范条文结合，带领大家快速进入建筑电气设计的大门，吃透每一个规范点，理解每一条电气线，将20年的设计、审图经验积累加以总结、提炼，著成此书。

本书由中国建筑五局建筑设计院王林担任第一作者，各部分编写分工如下：李仕龙编写第1～3章和第15章；陈德祥编写第4～8章；王林编写第9章；李周林编写第10～14章，最后由王林统稿。书中无底色区域的楷体字内容为引用的相关规范条文，有底色区域内容为作者对规范条文和设计内容的对应阐述，并加入了设计工作中常见的一些截图示例。

在本书编写过程中，编写者参考了相关规范和资料，湖南省建筑设计院集团有限公司正高级工程师、建筑与城市研究院总工程师吴斌、辽宁省建筑设计研究院有限责任公司李新野在百忙之中抽出时间审阅了书稿，广西师范大学出版社的同志也为本书的出版付出了辛勤的劳动，给予编写者很多鼓励，在此表示衷心的感谢。

虽然酝酿、修改的时间较长，但编写者的实践经验和理论水平有限，新的规范内容可能增加，不当之处在所难免，恳请各位专家和读者批评指正。

目录

第一章 | 编制住宅电气设计说明

设计说明就是整套图纸的大纲和设计指引，主要阐述在施工图纸上无法用线型或者符号表示的一些内容，表达审查要点及应对措施、规定设计界面等，具体作用如下：

1. 对设计产品的注释

设计说明是一种包含诸多重要信息的产品，设计师应把各类与设计产品相关的信息传递给使用者，如设计产品的内容构成、各部分内容彼此之间的联系、对设计对象的阐述等。

2. 指导施工

设计图纸、做法表、工程量等未必能充分表达设计对象，因此，施工、监理单位必然会在对设计文件的理解上产生困惑，而设计说明中的内容则可以针对未能充分表达的图纸、做法、量单等进行重点解释。

3. 回应审查

设计成果须经过相关机构的审查。这些审查既来自建设单位，也来自消防、人防、强审等各类审批、咨询机构。设计说明应向这些机构申明，设计文件中对他们的关注问题是如何处理的、设计依据是什么、解决措施是什么等。

4. 免责

随着设计终身责任制的进一步实行，设计师对设计文件需要负法律责任和合同责任。对设计师应该承担的责任，不能回避；对不应该承担的责任，应在设计文件中加以申明。比如，某项工作不属于本设计范畴，但又与本设计有一定的联系，此时应将设计范畴、设计边界、接口关系、责任界定等交代清楚。

5. 辅助设计师完善文件

因设计师的经历、设计能力不尽相同，同时设计机构均采用协同化、模块化、标准化的工作模式，工程设计往往由不同的设计师或团队完成，所以设计说明必须对各部分设计起到统筹、指引、协助、备忘、完善的作用。设计师每次设计时通读设计说明，根据工程实际情况对相关内容进行对应的增补、删除、修改，在完善设计文件的同时也是对自身设计水平的提升。

下面将以实际工程设计说明为例，分章节逐一对设计说明进行讲解，对其中涉及的规范条文及施工中的特殊做法一并加以阐述。

第一节　工程概况

1. 工程概况

1.1 工程名称：********

1.2 建设地点：** 省 ** 市

1.3 建设单位：********

1.4 使用功能：地上住宅、地下车库及人防工程

1.5 设计规模：地上总建筑面积为 ***** m²，其中住宅建筑面积 ***** m²，地面总高度 *** m，建筑层数：地下 ** 层，地上 ** 层

1.6 建筑等级：一类高层住宅建筑

1.7 建筑耐火等级：一级

1.8 抗震设防烈度：6 度

1.9 绿色建筑：1 星级

1.10 主要结构类型：框架剪力墙结构

1.11 其余详见工程技术经济指标总表

　　工程概况着重叙述与电气专业相关的内容，如工程名称、建设地点、地上地下面积、主要功能、建筑高度及建筑层数、建筑耐火等级、结构形式等内容。

第二节　设计依据

2. 设计依据

2.1 建设单位提供的经有关部门（供电部门、消防部门、通信部门等）认定的工程设计资料

2.2 建设方提供的设计任务书

2.3 各专业提供的设计资料

2.4 国家现行的主要设计规范及标准

1)《工程建设标准强制性条文》（房屋建筑部分）2013 年版。

2)《建筑设计防火规范》GB 50016—2014（2018 年版）。

3)《供配电系统设计规范》GB 50052—2009。

4) 《20 kV 及以下变电所设计规范》GB 50053—2013。

5) 《低压配电设计规范》GB 50054—2011。

6) 《通用用电设备配电设计规范》GB 50055—2011。

7) 《建筑物防雷设计规范》GB 50057—2010。

8) 《建筑物电子信息系统防雷技术规范》GB 50343—2012。

9) 《建筑照明设计标准》GB 50034—2013。

10) 《消防应急照明和疏散指示系统》GB 17945—2010。

11) 《消防应急照明和疏散指示系统技术标准》GB 51309—2018。

12) 《电力工程电缆设计标准》GB 50217—2018。

13) 《住宅设计规范》GB 50096—2011。

14) 《住宅建筑规范》GB 50368—2005。

15) 《住宅建筑电气设计规范》JGJ 242—2011。

16) 《商店建筑电气设计规范》JGJ 392—2016。

17) 《建筑抗震设计规范》GB 50011—2010。

18) 《建筑机电工程抗震设计规范》GB 50981—2014。

19) 《民用建筑电气设计标准》GB 51348—2019。

20) 《民用建筑设计统一标准》GB 50352—2019。

21) 《低压流体输送用焊接钢管》GB/T 3091—2015。

22) 《矿物绝缘电缆敷设技术规程》JGJ 232—2011。

23) 《居民住宅小区电力配置规范》GB/T 36040—2018。

24) 《综合布线系统工程设计规范》GB 50311—2016。

25) 《智能建筑设计标准》GB 50314—2015。

26) 《火灾自动报警系统设计规范》GB 50116—2013。

27) 《住宅区和住宅建筑内光纤到户通信设施工程设计规范》GB 50846—2012。

28) 《有线电视网络工程设计标准》GB/T 50200—2018。

29) 《安全防范工程技术标准》GB 50348—2018。

30) 《视频安防监控系统工程设计规范》GB 50395—2007。

31) 《民用闭路监视电视系统工程技术规范》GB 50198—2011。

32) 《公共广播系统工程技术标准》GB/T 50526—2021。

33) 《绿色建筑评价标准》GB/T 50378—2019。

34) 国家和地方现行的其他设计规范及标准。

　　设计依据着重交代设计的输入条件（含市政资料、设计任务书、建设方设计指引等）及引用的相关标准规范。

第三节　　设计范围

3. 设计范围

3.1 本工程设计包括红线内的以下电气系统

1）负荷分级及供电。

2）电力配电系统。

3）照明系统。

4）建筑物防雷系统。

5）建筑物接地系统及安全措施。

3.2 与其他专业的分工

1）建筑物泛光照明、广告照明、防空障碍灯等由建设方另行委托设计，本设计仅预留电源。

2）特殊用电设备本设计仅预留配电箱，并注明用电量，电梯机房井道内的动力、照明由电梯公司设计安装。

3）给排水专业自带控制的设备，本设计仅提供电源，控制箱至设备的线路由厂家负责。

4）有装修要求的场所如商铺、物管用房、社区用房、养老服务用房仅设计应急照明系统和预留功能空间电源，具体电气设计由建设方另行委托设计，二次设计应满足照度、LPD 值、节能及消防要求。

5）智能化设计由建设方另行委托设计，本设计仅预留主要机房及管道路由。

6）变配电系统由建设方另行委托设计。住户、底商设计分界点为电表箱后，电表箱系统图及平面图在本套图中仅为示意，不得作为施工依据，其他用电设备设计分界点为"专用低压配电室"的低压配电柜后。

　　设计范围交代本工程电气专业的设计范围及系统、小区的公专变形式、与公变系统的分工、与专项设计专业设计的分工、精装修场所的设计界面及要求等内容。

第四节　　负荷分级及供电

一、负荷分级

4.1 负荷分级

一级消防负荷：应急照明、消防电梯、消防风机、消防电梯潜水泵、普通潜水泵等；

一级非消防负荷：生活电梯、公共照明、安防系统、航空障碍灯等；

三级负荷：住宅套内、底商、景观照明等其他负荷。

《建筑设计防火规范》GB 50016—2014（2018 年版）

10.1.1 下列建筑物的消防用电应按一级负荷供电：

　　1. 建筑高度大于 50m 的乙、丙类厂房和丙类仓库；

　　2. 一类高层民用建筑。

《住宅建筑电气设计规范》JGJ 242—2011

3.2.1 住宅建筑中主要用电负荷的分级应符合表 3.2.1 的规定，其他未列入表 3.2.1 中的住宅建筑用电负荷的等级宜为三级。

表 3.2.1　住宅建筑主要用电负荷的分级

建筑规模	主要用电负荷名称	负荷等级
建筑高度为 100m 或 35 层及以上的住宅建筑	消防用负荷、应急照明、航空障碍照明、走道照明、值班照明、安防系统、电子信息设备机房、客梯、排污泵、生活水泵	一级
建筑高度为 50～100m 且 19～34 层的一类高层住宅建筑	消防用负荷、应急照明、航空障碍照明、走道照明、值班照明、安防系统、客梯、排污泵、生活水泵	
10～18 层的二类高层住宅建筑	消防用负荷、应急照明、走道照明、值班照明、安防系统、客梯、排污泵、生活水泵	二级

《民用建筑电气设计标准》GB 51348—2019

3.2.2 民用建筑中各类建筑物的主要用电负荷的分级，应符合本规范附录 A 的规定。

　　一类高层住宅的负荷分级主要依据上述三本规范，本节说明中还应将各类负荷的容量进行统计。

二、负荷标准

4.2 住宅用电负荷标准

　　住宅用电负荷标准如表 1-1。

表 1-1 住宅用电负荷标准	
居民用户类型	用电功率
户建筑面积≤ 120m²	8kW/ 户
120m² <户建筑面积≤ 150m²	10kW/ 户
150m² <户建筑面积	80kW/m²

注： 1）实际户安装容量可根据供电局要求调整；

2）户住宅用电容量≤ 8kW，采用 220V 供电；

3）8kW< 户住宅用电容量≤ 10kW，采用 220V 供电；

4）户住宅用电容量≥ 12kW，采用 380V 供电。

《供配电系统设计规范》GB50052—2009

5.0.15 设计低压配电系统时，宜采取下列措施，降低三相低压配电系统的不对称度：

1.220V 或 380V 单相用电设备接入 220V/380V 三相系统时，宜使三相平衡。

2. 由地区公共低压电网供电的 220V 负荷，线路电流小于等于 60A 时，可采用 220V 单相供电；大于 60A 时，宜采用 220V/380V 三相四线制供电。

《住宅建筑电气设计规范》JGJ 242—2011

3.3.1 每套住宅的用电负荷和电能表的选择不宜低于表 3.3.1 的规定：

表 3.3.1 每套住宅用电负荷和电能表的选择			
套型	建筑面积 S（㎡）	用电负荷（kW）	电能表（单相）（A）
A	$S \leq 60$	3	5（20）
B	$60 < S \leq 90$	4	10（40）
C	$90 < S \leq 150$	6	10（40）

3.3.2 当每套住宅建筑面积大于 150m² 时，超出的建筑面积可按 40 ～ 50W/m² 计算用电负荷。

3.3.3 每套住宅用电负荷不超过 12kW 时，应采用单相电源进户，每套住宅应至少配置一块单相电能表。

3.3.4 每套住宅用电负荷超过12kW时，宜采用三相电源进户，电能表应按相序计量。

一般项目所在城市的电业局会发布类似"供电技术规程"的文件，文件中有关于住户负荷、计量表计、电源类型的相应条文，做电气设计时应按照当地的地区文件执行。若城市无相关文件或建设方无相关指引，则可按照《住宅建筑电气设计规范》JGJ 242—2011 执行。

三、供电电源

4.3 供电电源

1）采用双重10kV电源供电，当一电源发生故障时，另一电源不应同时受到损坏，应满足一级负荷供电要求。

2）住户内、底商为三级负荷，采用单电源供电，220V/380V低压电源引自地下室"公用配电室"；生活电梯、消防电梯、消防风机、消防水泵等采用双电源供电，末端切换。

3）公共照明、航空障碍灯等一级非消防负荷采用双电源供电，末端切换，或在适当位置切换。

《民用建筑电气设计标准》GB 51348—2019

13.7.4 建筑物（群）的消防用电设备供电，应符合下列规定：

1. 建筑高度100m及以上的高层建筑，低压配电系统宜采用分组设计方案；

2. 消防用电负荷等级为一级负荷中特别重要负荷时，应由一段或两段消防配电干线与自备应急电源的一个或两个低压回路切换，再由两段消防配电干线各引一路在最末一级配电箱自动转换供电；

3. 消防用电负荷等级为一级负荷时，应由双重电源的两个低压回路或一路市电和一路自备应急电源的两个低压回路在最末一级配电箱自动转换供电；

4. 消防用电负荷等级为二级负荷时，应由一路10kV电源的两台变压器的两个低压回路或一路10kV电源的一台变压器与主电源不同变电系统的两个低压回路在最末一级配电箱自动切换供电；

5. 消防用电负荷等级为三级负荷时，消防设备电源可由一台变压器的一路低压回路供电或一路低压进线的一个专用分支回路供电；

6. 消防末端配电箱应设置在消防水泵房、消防电梯机房、消防控制室和各防火分区的配电小间内；各防火分区内的防排烟风机、消防排水泵、防火卷帘等可分别由配电小间内的双电源切换箱放射式、树干式供电。

本节着重阐述10kV电源供电方式，消防负荷、非消防负荷的供电方式及电源切换位置。

四、计量

4.4 计量

住宅（含底商）计量到户，每户一表，集中设置电表箱（单相表≤18块，三相表≤6块），电表箱分层集中安装时采用暗装，安装位置避开消防通道、住户入户门厅、电梯前室等；其余对执行同一电价的公用设施用电，相对集中设置公用计量表计。

　　本节着重阐述高低压计量方式、住户电表箱计量安装原则、其他负荷计量原则等内容，主要以当地电业局发布的供电技术规程为设计依据。

五、无功补偿

4.5 功率因数补偿

1) 采用低压电容器，在变配电室低压侧集中补偿，补偿后高压侧无功功率因数≥0.90。

2) 本工程要求荧光灯采用电子镇流器或节能型电感镇流器（采用节能开关控制的只能采用电子镇流器），灯具内设置电容补偿，荧光灯功率因数不应低于0.9，高强气体放电灯功率因数不应低于0.85，LED灯功率因数不应低于0.85。其余气体放电灯采用就地补偿方式，以提高系统功率因数。

《民用建筑电气设计标准》GB 51348—2019

3.6.2 当民用建筑内设有多个变电所时，宜在各个变电所内的变压器低压侧设置无功补偿。

3.6.3 容量较大、负荷平稳且经常使用的用电设备的无功功率宜单独就地补偿。

3.6.4 变电所计量点的功率因数不宜低于0.9。

　　本节着重阐述低压集中补偿的要求，荧光灯、气体放电灯的产品要求。

第五节　电力配电系统

5. 电力配电系统

5.1 低压配电系统采用220V/380V放射式与树干式相结合的方式，对于单台容量较大的负荷或重要负荷，如电梯，采用放射式供电；对于照明及一般负荷采用树干式供电。

5.2 消防负荷双电源供电，其中消防电梯、防排烟风机的双电源在末端配电箱处自动切换，双电源切换装置（ATSE）采用PC级，自投不自复。

5.3 配电线路设短路和过负荷保护电器，对于过负荷断电将引起严重后果的线路，该线路仅设短路保护；用于消防电动机的断路器仅设电磁脱扣器（短路保护），热继电器过负荷保护只报警而不动作。

5.4 交流电动机装设短路保护和接地故障保护：当电动机短路保护器件满足接地故障保护要求时，采用短路保护器件兼作接地故障保护；当电动机短路保护器件不满足接地故障保护要求时，断路器应具有接地故障保护，且满足 $Id \geqslant 1.3\ Iset$。

5.5 住户配电箱进线开关装设能同时断开相线和中性线的开关电器，同时应设自恢复式、欠电压保护器或具有此功能的断路器。

5.6 剩余电流保护动作电器均采用电磁式，能断开所保护回路的所有带电导体；相电压为 220V 的 TN 系统切断时间 $t \leqslant 0.4s$。

《供配电系统设计规范》GB 50052—2009

7.0.2 在正常环境的建筑物内，当大部分用电设备为中小容量，且无特殊要求时，宜采用树干式配电。

7.0.3 当用电设备为大容量或负荷性质重要，或在有特殊要求的建筑物内，宜采用放射式配电。

7.0.5 在高层建筑物内，向楼层各配电点供电时，宜采用分区树干式配电；由楼层配电间或竖井内配电箱至用户配电箱的配电，应采取放射式配电；对部分容量较大的集中负荷或重要用电设备，应从变电所低压配电室以放射式配电。

《民用建筑电气设计标准》GB 51348—2019

7.2.2 高层民用建筑的低压配电系统应符合下列规定：

1. 照明、电力、消防及其他防灾用电负荷应分别自成系统。

2. 用电负荷或重要用电负荷容量较大时，宜从变电所以放射式配电。

3. 高层民用建筑的垂直供电干线，可根据负荷重要程度、负荷大小及分布情况，采用下列方式供电：

1) 高层公共建筑配电箱的设置和配电回路应根据负荷性质按防火分区划分；

2) 400A 及以上宜采用封闭式母线槽供电的树干式配电；

3) 400A 以下可采用电缆干线以放射式或树干式配电；当为树干式配电时，宜采用预制分支电缆或 T 接箱等方式引至各配电箱；

4) 可采用分区树干式配电。

《低压配电设计规范》GB 50054—2011

6.3.6 过负荷断电将引起严重后果的线路，其过负荷保护不应切断线路，可作用于信号。

《民用建筑电气设计标准》GB 51348—2019

9.2.9 交流电动机应装设短路保护和接地故障保护，并应根据电动机的用途分别装设过负荷与断相保护。

9.2.10 交流电动机的短路保护应符合下列规定：

1. 每台电动机宜单独装设短路保护，但当总计算电流不超过20A，且允许无选择地切断负荷时，3台及以下电动机可共用一套短路保护电器。

2. 根据工艺要求，必须同时启、停的一组电动机，不同时切断将危及人身或设备安全时，这组电动机必须共用一套短路保护电器。

3. 短路保护电器宜采用熔断器、断路器的瞬动过电流脱扣器或带有短路保护功能的控制与保护开关电器（CPS），也可采用带瞬动元件的过电流继电器。保护器件的装设应符合下列规定：

1）短路保护兼作单相接地故障保护时，应在每个相导体上装设；

2）仅作短路保护时，熔断器应在每个相导体上装设，瞬动过电流脱扣器、控制与保护开关电器（CPS）或带瞬动元件的过电流继电器应至少在两相上装设；

3）当只在两相上装设时，在有直接电气联系的同一供电系统中，保护器件应装设在相同的两相上。

9.2.12 交流电动机的接地故障保护应符合下列规定：

1. 每台电动机宜分别装设接地故障保护电器，但共用一套短路保护的数台电动机可共用一套接地故障保护器件；

2. 当电动机的短路保护器件满足故障防护要求时，应采用短路保护器件兼作间接电击防护中的接地故障保护；

3. 水泵房中的生活水泵电动机应加装灵敏度为300mA的剩余电流动作保护器作接地故障保护。

9.2.13 交流电动机的过负荷保护应按下列规定装设：

1. 连续运行的电动机，应装设过负荷保护，过负荷保护宜动作于断开电源。

2. 对于短时工作或断续周期工作的电动机，可不装设过负荷保护。当运行中可能堵转时，应装设堵转保护，其时限应保证电动机启动时不动作。

3. 过负荷保护器件宜采用热继电器、控制与保护开关电器（CPS）、过负荷继电器；对容量较大的电动机，可采用反时限的过电流继电器。根据环境和设备要求，合理选择热磁式或电子式的过负荷保护；有条件时，也可采用温度保护装置。

《住宅建筑电气设计规范》JGJ 242—2011

6.3.2 每套住宅应设置自恢复式过、欠电压保护电器。

8.4.3 家居配电箱应装设同时断开相线和中性线的电源进线开关电器，供电回路应装设短路和过负荷保护电器，连接手持式及移动式家用电器的电源插座回路应装设剩余电流动作保护器。

《民用建筑电气设计标准》GB 51348—2019

7.6.3 对于突然断电比过负荷造成损失更大的线路，不应设置过负荷保护。

7.7.5 故障防护（间接接触防护）应符合下列规定：

1. 故障防护的设置应防止人身间接电击以及电气火灾、线路损坏等事故；故障保护电器的选择，应根据配电系统的接地形式、移动式、手持式或固定式电气设备的区别以及导体截面积等因素经过技术经济比较确定；

2. 外露可导电部分应按各种系统接地形式的具体条件，与保护接地导体连接；

3. 建筑物内应作总等电位联结，并符合本标准第 12.7 节的规定。

7.7.6 对于交流配电系统中不超过 32A 的终端回路，其故障防护最长的切断电源时间不应大于表 7.7.6 的规定。

<table>
<tr><th colspan="5">表 7.7.6 最长的切断电源时间（s）</th></tr>
<tr><th>系统</th><th>50V < U_0 ≤ 120V</th><th>120V < U_0 ≤ 220V</th><th>220V < U_0 ≤ 400V</th><th>U_0 > 400V</th></tr>
<tr><td>TN</td><td>0.8</td><td>0.4</td><td>0.2</td><td>0.1</td></tr>
<tr><td>TT</td><td>0.3</td><td>0.2</td><td>0.07</td><td>0.04</td></tr>
</table>

7.7.10 附加防护应符合下列规定：

1. 采用剩余电流保护器（RCD）作为附加防护时，应满足下列要求：

1）在交流系统中装设额定剩余电流不大于 30mA 的 RCD，可用作基本保护失效和故障防护失效，以及用电不慎时的附加保护措施；

2）不能将装设 RCD 作为唯一的保护措施，不能为此而取消本节规定的其他保护措施。

本节主要阐述低压干线形式的选择、消防负荷的供电方式及 ATSE 安装位置和投切方式、过负荷保护的设置要求、接地保护的要求、住宅过欠压保护器的选择、剩余电流保护器的选择等内容。

第六节 照明系统

一、照明灯具选型

6. 照明系统

6.1 照明灯具选型

1）楼梯间内采用高效节能吸顶灯、走道采用高效节能吸顶灯或嵌入式筒灯。其他一般场所采用 LED 灯、荧光灯或其他节能型灯具。有装修要求的场所视装修要求商定。

2）各种场所严禁采用触电防护类别为 0 类的灯具。

3）特别潮湿的场所，选用具有相应防护措施的灯具；有腐蚀性气体或蒸汽的场所，采用具有相应防腐蚀要求的灯具；高温场所选用散热好、耐高温的灯具；多尘埃场所选用防护等级不低于 IP5X 的灯具；潮湿场所、室外场所选用防护等级不低于 IP54 的灯具。

《住宅建筑电气设计规范》JGJ 242—2011

9.1.1 住宅建筑的照明应选用节能光源、节能附件，灯具应选用绿色环保材料。

本节根据节能、防火、防潮等要求对住宅单体的室内外灯具进行相关说明。

二、照明照度值及功率密度值

6.2 照明照度值及功率密度值要求如表 1-2。

房间及场所	参考平面及其高度	对应照度值		照明功率密度值（W/㎡）		显色指数（Ra）	
		标准值	设计值	目标值	设计值	标准值	设计值
起居室	0.75m 水平面	100	—	≤ 5	—	80	80
卧室	0.75m 水平面	75	—	≤ 5	—	80	80
餐厅	0.75m 餐桌面	150	—	≤ 5	—	80	80
厨房	0.75m 水平面	100	—	≤ 5	—	80	80
卫生间	0.75m 水平面	100	—	≤ 5	—	80	80
电梯前厅	地面	75	—	—	—	60	60
走道、楼梯间	地面	50	52	≤ 2	1.8	60	60
门厅	地面	200	≤ 200	—	—	80	80
车库	地面	30	32	≤ 1.8	1.6	60	60

表 1-2 照明照度值及功率密度值

注：需二次装修的房间，其照度和照明功率密度值应符合《建筑照明设计标准》GB 50034—2013 目标值的要求。

《建筑照明设计标准》GB 50034—2013

5.2.1 住宅建筑照明标准值宜符合表 5.2.1 规定。

6.3.1 住宅建筑每户照明功率密度限值宜符合表 6.3.1 的规定。

表5.2.1 住宅建筑照明标准值			
房间或场所	**参考平面及其高度**	**照度标准值（lx）**	**Ra**
起居室 — 一般活动	0.75m 水平面	100	80
起居室 — 书写、阅读		300*	
卧室 — 一般活动	0.75m 水平面	75	80
卧室 — 床头、阅读		150*	
餐厅	0.75m 餐桌面	150	80
厨房 — 一般活动	0.75m 水平面	100	80
厨房 — 操作台	台面	150*	
卫生间	0.75m 水平面	100	80
电梯前厅	地面	75	60
走道、楼梯间	地面	50	60
车库	地面	30	60

注：* 指混合照明度。

表 6.3.1 住宅建筑每户照明功率密度限值			
房间或场所	照度标准值（lx）	照明功率密度限值（W/m²）	
		现行值	目标值
起居室	100	≤ 6.0	≤ 5.0
卧室	75		
餐厅	150		
厨房	100		
卫生间	100		
职工宿舍	100	≤ 4.0	≤ 3.5
车库	30	≤ 2.0	≤ 1.8

根据《建筑照明设计标准》GB 50034—2013 中的上述条文，对住宅内的典型场所进行照度计算，将结果以表格的形式在说明中进行表示。

三、应急照明

6.3 应急照明

1）本项目应急照明采用集中电源集中控制型系统。

2）消防控制室、防排烟风机房、消防电梯机房以及发生火灾时仍需正常工作的消防设备房的设备用照明，作业面的最低照度不低于正常照明的照度，其电源转换时间不大于 5s，连续供电时间不小于 180min。

3）疏散照明的地面最低水平照度值要求：疏散走道为 1.0lx；人员密集场所、避难层（间）为 3.0lx；楼梯间、前室或合用前室、避难走道为 5.0lx；老年人照料设施、人员密集场所和老年人照料设施内的楼梯间、前室或合用前室、避难走道为 10.0lx。

4）消防应急照明和疏散指示系统的集中电源箱蓄电池电源连续供电时间：地下室建筑为 60min+10min，即 70min；地上建筑为 30min+10min，即 40min。

5）应急照明灯和灯光疏散指示标志应为不燃烧材料制作的保护罩。

6）消防疏散指示标志和消防应急照明灯具还应符合国家现行标准《消防安全标志》GB 13495 和《消防应急照明和疏散指示系统》GB 17945 的有关规定。

7）其余见应急照明系统总说明"集中电源集中控制型应急照明总说明及系统图"。

《建筑设计防火规范》GB 50016—2014 （2018 年版）

10.3.2 建筑内疏散照明的地面最低水平照度应符合下列规定：

1. 对于疏散走道，不应低于 1.0lx；

2. 对于人员密集场所、避难层（间），不应低于 3.0lx；对于老年人照料设施、病房楼或手术部的避难间，不应低于 10.0lx；

3. 对于楼梯间、前室或合用前室、避难走道，不应低于 5.0lx；对于人员密集场所、老年人照料设施、病房楼或手术部内的楼梯间、前室或合用前室、避难走道，不应低于 10.0lx。

10.3.7 建筑内设置的消防疏散指示标志和消防应急照明灯具，除应符合本规范的规定外，还应符合现行国家标准《消防安全标志》GB 13495 和《消防应急照明和疏散指示系统》GB 17945 的规定。

《消防应急照明和疏散指示系统技术标准》GB 51309—2018

3.2.1 灯具的选择应符合下列规定：

1. 应选择采用节能光源的灯具，消防应急照明灯具（以下简称"照明灯"）的光源色温不应低于 2700K。

2. 不应采用蓄光型指示标志替代消防应急标志灯具（以下简称"标志灯"）。

3. 灯具的蓄电池电源宜优先选择安全性高、不含重金属等对环境有害物质的蓄电池。

4. 设置在距地面 8m 及以下的灯具的电压等级及供电方式应符合下列规定：

1）应选择 A 型灯具；

2）地面上设置的标志灯应选择集中电源 A 型灯具；

3）未设置消防控制室的住宅建筑，疏散走道、楼梯间等场所可选择自带电源 B 型灯具。

5. 灯具面板或灯罩的材质应符合下列规定：

1）除地面上设置的标志灯的面板可以采用厚度 4mm 及以上的钢化玻璃外，设置在距地面 1m 及以下的标志灯的面板或灯罩不应采用易碎材料或玻璃材质；

2）在顶棚、疏散路径上方设置的灯具的面板或灯罩不应采用玻璃材质。

6. 标志灯的规格应符合下列规定：

1）室内高度大于 4.5m 的场所，应选择特大型或大型标志灯；

2）室内高度为 3.5 ～ 4.5m 的场所，应选择大型或中型标志灯；

3）室内高度小于 3.5m 的场所，应选择中型或小型标志灯。

7. 灯具及其连接附件的防护等级应符合下列规定：

1) 在室外或地面上设置时，防护等级不应低于 IP67；

2) 在隧道场所、潮湿场所内设置时，防护等级不应低于 IP65；

3) B 型灯具的防护等级不应低于 IP34。

8. 标志灯应选择持续型灯具。

9. 交通隧道和地铁隧道宜选择带有米标的方向标志灯。

3.2.3 火灾状态下，灯具光源应急点亮、熄灭的响应时间应符合下列规定：

1. 高危险场所灯具应急点亮的响应时间不应大于 0.25s；

2. 其他场所灯具应急点亮的响应时间不应大于 5s；

3. 具有两种及以上疏散指示方案的场所，标志灯光源点亮、熄灭的响应时间不应大于 5s。

3.2.4 灯具应急启动后，在蓄电池电源供电时的持续工作时间应满足下列要求：

1. 建筑高度大于 100m 的民用建筑，不应小于 1.5h。

2. 医疗建筑、老年人建筑、总建筑面积大于 100 000 ㎡的公共建筑和总建筑面积大于 20 000 ㎡的地下、半地下建筑，不应少于 1.0h。

3. 其他建筑，不应少于 0.5h。

4. 城市交通隧道应符合下列规定：

1) 一、二类隧道不应小于 1.5h，隧道端口外接的站房不应小于 2.0h；

2) 三、四类隧道不应小于 1.0h，隧道端口外接的站房不应小于 1.5h。

5. 本条第 1～4 款规定场所中，当按照本标准第 3.6.6 条的规定设计时，持续工作时间应分别增加设计文件规定的灯具持续应急点亮时间。

6. 集中电源的蓄电池组和灯具自带蓄电池达到使用寿命周期后标称的剩余容量应保证放电时间满足本条第 1～5 款规定的持续工作时间。

关于火灾时仍需坚持工作的场所备用照明的连续供电时间，当设有自备柴油发电机时，该类场所灯具内自带的蓄电池只起到市电与柴油机转换过程中的供电作用，其电池持续供电时间可与其他场所一致，但在设计说明中应特别交代。其余条款均参照上述规范中的相关条文执行。

四、照明配电及控制

6.4 照明配电及控制

1) 公共部位设置人工照明，采用高效节能的照明装置和节能措施。

2) 照明控制见本书第 28 页的相关内容。

3) 在住宅首层门厅或电梯厅设置一处便于残疾人使用的照明开关，开关处有标识。

4）安装在 1.8m 及以下的插座均采用安全型插座。

5）照明、插座由不同回路供电，Ⅰ类灯具回路均配置 PE 线。

6）应急照明系统由消防控制室内的应急照明控制器控制，按火灾状态下和非火灾状态下要求控制。

6.5 开关、插座和照明灯具靠近可燃物时，采取隔热散热等防火措施。卤钨灯和额定功率≥100W 的白炽灯泡的吸顶灯、槽灯、嵌入式灯，其引入线采用瓷管、矿棉等不燃材料作隔热保护。功率≥60W 的白炽灯、卤钨灯、高压钠灯、金属卤化物灯、荧光高压汞灯（包括电感镇流器）等，不应直接安装在可燃物体上或采取其他防火措施。

6.6 电梯井道内设置照度值≥50lx 的照明，井道照明回路装设剩余电流动作保护电器，灯具带保护罩；在距井道最高和最低点 0.5m 以内各装一盏灯，中间每隔不超过 7m 的距离装设一盏灯，分别在机房和底坑设置控制开关；在电梯井道内距井道最低点 1.5m 处设一个防护等级为 IP54 的检修插座。

《住宅建筑电气设计规范》JGJ 242—2011

8.5.5 住宅建筑所有电源插座底边距地 1.8m 及以下时，应选用带安全门的产品。

9.1.1 住宅建筑的照明应选用节能光源、节能附件，灯具应选用绿色环保材料。

9.2.3 住宅建筑的门厅、前室、公共走道、楼梯间等应设人工照明及节能控制。当应急照明采用节能自熄开关控制时，在应急情况下，设有火灾自动报警系统的应急照明应自动点亮；无火灾自动报警系统的应急照明可集中点亮。

9.5.2 有自然光的门厅、公共走道、楼梯间等的照明，宜采用光控开关。

9.5.3 住宅建筑公共照明宜采用定时开关、声光控制等节电开关和照明智能控制系统。

9.2.4 住宅建筑的门厅应设置便于残疾人使用的照明开关，开关处宜有标识。

《建筑设计防火规范》GB 50016—2014（2018 年版）

10.2.4 开关、插座和照明灯具靠近可燃物时，应采取隔热、散热等防火措施。

卤钨灯和额定功率不小于 100W 的白炽灯泡的吸顶灯、槽灯、嵌入式灯，其引入线应采用瓷管、矿棉等不燃材料作隔热保护。

额定功率不小于 60W 的白炽灯、卤钨灯、高压钠灯、金属卤化物灯、荧光高压汞灯（包括电感镇流器）等，不应直接安装在可燃物体上或采取其他防火措施。

《民用建筑电气设计标准》GB 51348—2019

9.3.6 电梯井道配电应符合下列规定：

1. 电梯井道应为电梯专用，井道内不得装设与电梯无关的设备、管道、线缆等。

2. 井道内应设置照明，且照度不应小于 50lx，并应符合下列要求：

1）应在距井道最高点和最低点 0.5m 以内各装一盏灯，中间每隔不超过 7m 的距离应装设一盏灯，并应分别在机房和底坑设置控制开关；

2）轿顶及井道照明宜采用 24V 的半导体发光照明装置（LED）或其他光源，当采用 220V 光源时，供电回路应增设剩余电流动作保护器。

3. 应在底坑开门侧设置电源插座。

4. 井道内敷设的线缆应是阻燃型，并应使用难燃型电线导管或槽盒保护，严禁使用可燃性材料制成的电线导管或槽盒。

5. 附设在建筑物外侧的电梯，其布线材料和方法及所用电器器件均应考虑气候条件的影响，并应采取相应防水措施。

《住宅建筑电气设计规范》JGJ 242—2011

8.2.7 电梯底坑应设置一个防护等级不低于 IP54 的单相三孔电源插座，电源插座的电源可就近引接，电源插座的底边距底坑宜为 1.5m。

上述规范条文均是对图纸中的设计文件进行解释和阐述。

第七节　导体选择及线路敷设

一、导体选择和敷设

7. 导体选择及线路敷设

7.1 所有电力、配电、照明及控制线路均采用铜芯导线、电缆或空气型母线槽。

7.2 共用电井的消防干线采用矿物绝缘电缆；设有消防电井的消防干线采用低烟无卤电缆；其余消防设施用的配电线路和各支线路采用低烟无卤电缆或低烟无卤导线。

7.3 非消防配电干线、分支线采用低烟无卤电缆或低烟无卤导线，住户套内采用 BV-0.45/0.75kV 铜芯导线。

7.4 电缆从地下室配电室引至楼栋强弱电间或电气竖井。消防用耐火电缆在地下室采用防火保护措施的封闭式金属槽盒（MR）敷设；消防用耐火电缆在电井内采用电缆托盘（CT）敷设。

7.5 消防用矿物绝缘电缆在地下室和电井内采用电缆梯架（CL）敷设。

7.6 非消防电缆在地下室、电井及无吊顶顶板下采用电缆托盘（CT）敷设；在有可燃物的闷顶和封闭吊顶内明敷的配电线路应采用金属导管或金属槽盒布线。

7.7 同一路径向一级负荷供电的双电源回路电缆不敷设在同一层电缆托盘和电缆梯架上，或增加防火隔板；消防电缆与非消防电缆敷设在同一电缆井、沟时分别敷设在电缆井、沟的两侧。

7.8 从竖井至各单元住户配电箱的线路及其他非消防回路（不包括屋面）穿 PVC 管暗敷；采用耐火电缆的消防线路明敷时（包括敷设在吊顶内，不包括电缆沟、电井内）穿金属导管或采用封闭式金属槽盒保护，金属导管或封闭式金属槽盒的表面应刷防火涂料。

7.9 消防配电线路暗敷时，穿金属导管，并应敷设在不燃性结构内且保护层厚度≥30mm；非消防配电线路穿保护套管暗敷时，外保护层厚度≥15mm。Φ32 及以下导管暗敷，Φ40 及以上导管明敷。

7.10 金属导管暗敷在干燥场所的管壁厚度≥1.5mm，暗敷在潮湿场所的管壁厚度≥2.0mm；暗敷的塑料导管管壁厚度≥2.0mm；明敷的金属导管做防腐防潮处理。

7.11 灯具吸顶、链吊和管吊安装时，从顶板接线盒至灯具的导线穿金属软管保护，消防回路如应急照明回路的金属软管还需刷防火涂料。

7.12 与卫生间无关的线缆导管不进入和穿过卫生间。卫生间的线缆导管不敷设在 0、1 区内。

7.13 导线穿管标准如表 1-3：

表 1-3 导线穿管标准				
导线型号规格	WDZN-BYJ-2.5mm^2		ZN/NH-BV-2.5mm^2	
	WDZ-BYJ-2.5mm^2		BV-2.5mm^2	
导线根数	2～4	5～8	2～5	6～8
镀锌焊接钢管：SC	SC20	SC25	SC20	SC25
镀锌套接紧定式钢管：JDG	JDG20	JDG25	JDG20	JDG25
镀锌电线管：TC	TC20	TC25	TC20	TC25
难燃 PVC 电线管	PC20	PC25	PC20	PC25
备 注	超 8 根加管		超 8 根加管	

《住宅建筑电气设计规范》JGJ 242—2011

6.4.2 敷设在电气竖井内的封闭母线、预制分支电缆、电缆及电源线等供电干线，可选用铜、铝或合金材质的导体。

6.4.3 高层住宅建筑中明敷的线缆应选用低烟、低毒的阻燃类线缆。

6.4.4 建筑高度为 100m 或 35 层及以上的住宅建筑，用于消防设施的供电干线应采用矿物绝缘电缆；建筑高度为 50～100m 且 19～34 层的一类高层住宅建筑，用于消防设施的供电干线应采用阻燃耐火线缆，宜采用矿物绝缘电缆；10～18 层的二类高层住宅建筑，用于消防设施的供电干线应采用阻燃耐火类线缆。

6.4.5 19 层及以上的一类高层住宅建筑，公共疏散通道的应急照明应采用低烟无卤阻燃的线缆。10～18 层的二类高层住宅建筑，公共疏散通道的应急照明宜采用低烟无卤阻燃的线缆。

《建筑设计防火规范》GB 50016—2014（2018 年版）

10.1.10 消防配电线路应满足火灾时连续供电的需要，其敷设应符合下列规定：

1. 明敷时（包括敷设在吊顶内），应穿金属导管或采用封闭式金属槽盒保护，金属导管或封闭式金属槽盒应采取防火保护措施；当采用阻燃或耐火电缆并敷设在电缆井、沟内时，可不穿金属导管或采用封闭式金属槽盒保护；当采用矿物绝缘类不燃性电缆时，可直接明敷。

2. 暗敷时，应穿管并应敷设在不燃性结构内且保护层厚度不应小于 30mm。

3. 消防配电线路宜与其他配电线路分开敷设在不同的电缆井、沟内；确有困难需敷设在同一电缆井、沟内时，应分别布置在电缆井、沟的两侧，且消防配电线路应采用矿物绝缘类不燃性电缆。

向一级负荷供电的两条回路电缆尽量分成两个桥架敷设，同一桥架敷设时中间应加防火隔板，这一点在设计施工时容易忽略。另外，对于使用低烟无卤电缆的场所，究竟是穿金属管还是 PVC 管的问题，各地方审图规定要求不一，但从使用低烟无卤电缆电线的初衷来看，使用低烟无卤电缆电线后应穿金属管，因 PVC 管含有大量卤化物，燃烧会产生有毒烟气，这与使用低烟无卤电缆电线的初衷违背。

二、矿物绝缘电缆敷设

7.14 矿物绝缘电缆敷设时应满足下列要求

1）矿物绝缘电缆的规格应按生产时的最大长度选择，将中间接头减至最少。

2）矿物绝缘电缆中间连接附件的耐火等级不应低于电缆本体的耐火等级。

3）矿物绝缘电缆首末端、分支处及中间接头处应设标志牌。

4）当矿物绝缘电缆穿越不同防火分区时，其洞口应采用不燃材料进行封堵。

5）当矿物绝缘电缆利用铜护套作为保护导体使用时，终端接地铜片的最小截面积不应小于电缆铜护套截面积。

6）交流系统单芯电缆敷设应采取下列防涡流措施：①电缆应分回路进出钢制配电箱（柜）、桥架；②电缆应采用金属件固定或金属线绑扎，且不得形成闭合铁磁回路；③当电缆穿过钢管（钢套管）或钢筋混凝土楼板、墙体的预留洞时，电缆应分回路敷设。

《矿物绝缘电缆敷设技术规程》JGJ 232—2011

3.1.4 矿物绝缘电缆的规格应根据线路的实际长度及各种规格电缆的最大生产长度进行选择，宜将中间接头减至最少。

3.1.7 有耐火要求的线路，矿物绝缘电缆中间连接附件的耐火等级不应低于电缆本体的耐火等级。

4.1.7 交流系统单芯电缆敷设应采取下列防涡流措施：

    1. 电缆应分回路进出钢制配电箱（柜）、桥架；

    2. 电缆应采用金属件固定或金属线绑扎，且不得形成闭合铁磁回路；

    3. 当电缆穿过钢管（钢套管）或钢筋混凝土楼板、墙体的预留洞时，电缆应分回路敷设。

4.1.9 电缆首末端、分支处及中间接头处应设标志牌。

4.1.10 当电缆穿越不同防火区时，其洞口应采用不燃材料进行封堵。

4.10.1 当电缆铜护套作为保护导体使用时，终端接地铜片的最小截面积不应小于电缆铜护套截面积，电缆接地连接线允许最小截面积应符合表 4.10.1 的规定。

表 4.10.1 接地连接线允许最小截面积

电缆芯线截面积 S（mm²）	接地连接线允许最小截面积（mm²）
$S \leqslant 16$	S
$16 < S \leqslant 35$	16
$35 < S \leqslant 400$	$S/2$

在《矿物绝缘电缆敷设技术规程》JGJ 232—2011 的相关条文中，对矿物绝缘电缆设计和施工中的一些要求，在施工时应特别注意。

三、其他规定

    7.15 水泵、风机等设备具体定位尺寸及电源出线口位置以相关专业图纸为准，同时应满足现场实际安装要求。所有经暗敷在地面出线的电力回路套管均应在距地 0.3m 处做防水弯头。

    7.16 电井、管道井应在每层楼板处采用不低于楼板耐火极限的不燃材料或防火封堵材料封堵；电井、管道井与房间、走道等相连通的孔隙应采用防火封堵材料封堵。进出变配电室的桥架、管线等须严密封堵，通过不同防火分区隔墙的电缆线管在电缆敷设后应做防火分隔处理。电气管道穿过楼板和墙体时，孔洞周边应采取密封隔声措施；当导管和槽盒内部截面积 $\geqslant$ 710mm² 时，在电井每层楼板处从内部封堵。配电室、配电间、强弱电竖井内及箱（柜）上方严禁水管和其他无关管道通过。

7.17 导线、电缆、母线、端子颜色标识：黄（U）、绿（V）、红（W）、中性线蓝色（N）、保护线黄绿双色（PE）。

7.18 所有穿过建筑物伸缩缝、沉降缝、后浇带的管线应按国家、地方标准图集中有关做法施工。

7.19 所有电缆桥架、线槽、金属导管均应做好跨接。不同电压等级或不同种类导线在同一线槽敷设时应做分隔。平面图中所有回路均按单独回路穿管，不同支路不应共管敷设。

7.20 电梯随行动力和控制电缆、电线、控制面板采取防水措施，在首层消防电梯入口处设置供消防队员专用的操作按钮。电梯井道内敷设的电缆和电线为阻燃和耐潮湿型，并穿难燃型电线导管保护。

《建筑设计防火规范》GB 50016—2014（2018 年版）

6.2.9 建筑内的电梯井等竖井应符合下列规定：

1. 电梯井应独立设置，井内严禁敷设可燃气体和甲、乙、丙类液体管道，不应敷设与电梯无关的电缆、电线等。电梯井的井壁除设置电梯门、安全逃生门和通气孔洞外，不应设置其他开口。

2. 电缆井、管道井、排烟道、排气道、垃圾道等竖向井道，应分别独立设置。井壁的耐火极限不低于 1.00h，井壁上的检查门应采用丙级防火门。

3. 建筑内的电缆井、管道井应在每层楼板处采用不低于楼板耐火极限的不燃材料或防火封堵材料封堵。建筑内的电缆井、管道井与房间、走道等相连通的孔隙应采用防火封堵材料封堵。

埋于混凝土内的 PVC 管应采用重型管材，主要考虑承受混凝土浇筑时的压力，以避免管材受损伤而回路不通的情况发生。穿过伸缩缝等处的刚性管材应设置补偿节，柔性管线留一定冗余。电梯随行电缆及接头的防水要求，主要是针对厂家供货提出的要求，因为在施工及运维期间，电梯井道进水的情况时有发生，故有此要求。

第八节　设备安装方式及高度

一、箱体的安装方法及高度

8. 设备安装方式及高度（底边距地）

8.1 电缆桥架水平安装时，支撑点间距≤1.5m；垂直安装时其固定点间距≤2m。

8.2 动力柜落地安装，落地柜在潮湿场所底部设 200mm 高砖砌支墩，其余场所底部设 10 号槽钢基座。

8.3 地下室、机房内配电箱、控制箱距地 1.5m 明装；竖井内配电箱明装，位置、高度视安装检修及抄表方便等因素确定。住宅电表箱本次设计仅为示意，电表箱安装的位置及高度由电业局定。

8.4 各住户配电箱暗装 1.8m，当分户墙上同一位置背靠背设电箱时，箱体安装高度分别按 1.65m 及 1.9m 错位安装。住户内放置配电箱、弱电箱的墙体厚度不应小于 150mm，低于 180mm 时，配电箱、弱电箱后应挂网批荡。

8.5 照明开关高度为装饰地面上 1.3m，离门边距离为 0.15～0.2m；卧室床头双控翘板开关距地 0.65m；管道井中的开关在管井内距地 1.3m 明装。

8.6 地下室、机房内插座距地 1.5m 暗装；竖井内插座距地 0.5m 明装；其余插座安装高度见本章第二十节"图例及材料表"。

《低压配电设计规范》GB 50054—2011

7.6.15 电缆托盘和梯架水平敷设时，宜按荷载曲线选取最佳跨距进行支撑，且支撑点间距宜为 1.5～3m。垂直敷设时，其固定点间距不宜大于 2m。

《住宅建筑电气设计规范》JGJ 242—2011

8.4.1 每套住宅应设置不少于一个家居配电箱，家居配电箱宜暗装在套内走廊、门厅或起居室等便于维修维护处，箱底距地高度不应低于 1.6m。

11.7.2 家居配线箱宜暗装在套内走廊、门厅或起居室等的便于维修维护处，箱底距地高度宜为 0.5m。

本节 8.1 条主要阐述电缆桥架水平及垂直支撑点的安装间距。8.3 条主要强调动力柜、明装配电箱、公共区域配电箱等的安装高度。8.6 条主要考虑户内配电箱之间、户内配电箱和弱电箱之间的安装注意事项，主要考虑箱体嵌墙安装及进出线的相互影响。

二、开关插座的安装方式及高度

8.7 住户内插座均暗装，在卫生间安装的排风机及插座安装在 3 区；插座须距淋浴间的门边 0.6m 以上，无淋浴间门距喷头 1.2m。在露台、开敞式阳台、卫生间安装的插座及洗衣机插座均应加防溅盖板，防护等级为 IP54。插座与热水器、燃气管间的净距不得＜150mm，与燃气表间的净距不得＜200mm。

8.8 洗衣机、分体式空调、电热水器及厨房的电源插座选用带开关控制的电源插座。

8.9 安全出口标志灯距门框上方 0.1m 壁装；方向标志灯距地 0.3m 暗装或距地 2.4m 吊装；壁挂应急照明灯距地 2.3m 壁挂；电井、水井内壁灯门框上方 0.2m 壁装。

8.10 住宅内节能灯、走道吸顶灯均为吸顶安装；电梯机房内荧光灯距地 2.5m 壁装。

8.11 集水坑的水位器接线盒距地宜≥0.5m，水池的水位器接线盒应在水池外，距顶 0.2m 左右，位置应靠近入孔，导管安装必须垂直。天面水池的水位器接线盒应加防雨防晒保护。

8.12 开关、插座和照明灯具靠近可燃物时，应采取隔热、散热等防火保护措施。

8.13 设置在室外的配电箱、控制箱，箱体的防护等级不应低于IP54。

8.14 除安装在符合防火要求的机房、配电间或控制间内的消防配电箱和控制箱外，其余安装位置的消防配电箱和控制箱采用内衬岩棉对箱体进行防火保护；消防配电设备应设置明显标志。

《住宅建筑电气设计规范》JGJ 242—2011

8.5.1 每套住宅电源插座的数量应根据套内面积和家用电器设置，且应符合表8.5.1的规定：

表8.5.1 电源插座的设置要求及数量

序号	名称	设置要求	数量
1	起居室（厅）、兼起居的卧室	单相两孔、三孔电源插座	≥3
2	卧室、书房	单相两孔、三孔电源插座	≥2
3	厨房	IP54型单相两孔、三孔电源插座	≥2
4	卫生间	IP54型单相两孔、三孔电源插座	≥1
5	洗衣机、冰箱、排油烟机、排风机、空调器、电热水器	单相三孔电源插座	≥1

8.5.3 洗衣机、分体式空调、电热水器及厨房的电源插座宜选用带开关控制的电源插座，未封闭阳台及洗衣机应选用防护等级为IP54型电源插座。

8.5.4 新建住宅建筑的套内电源插座应暗装，起居室（厅）、卧室、书房的电源插座宜分别设置在不同的墙面上。分体式空调、排油烟机、排风机、电热水器电源插座底边距地不宜低于1.8m；厨房电炊具、洗衣机电源插座底边距地宜为1.0～1.3m；柜式空调、冰箱及一般电源插座底边距地宜为0.3～0.5m。

8.5.5 住宅建筑所有电源插座底边距地1.8m及以下时，应选用带安全门的产品。

8.5.6 对于装有淋浴或浴盆的卫生间，电热水器电源插座底边距地不宜低于2.3m，排风机及其他电源插座宜安装在3区。

《民用建筑电气设计标准》GB 51348—2019

13.6.5 消防疏散照明灯及疏散指示标志灯设置应符合下列规定：

1. 消防应急（疏散）照明灯应设置在墙面或顶棚上，设置在顶棚上的疏散照明灯不应采用嵌入式安装方式。灯具选择、安装位置及灯具间距以满足地面水平最低照度为准；疏散走道、楼梯间的地面水平最低照度，按中心线对称50%的走廊宽度为准；大面积场所疏散走道的地面水平最低照度，按中心线对称疏散走道宽度均匀满足50%范围为准。

2.疏散指示标志灯在顶棚安装时，不应采用嵌入式安装方式。安全出口标志灯，应安装在疏散口的内侧上方，底边距地不宜低于2.0m；疏散走道的疏散指示标志灯具，应在走道及转角处离地面1.0m以下墙面上、柱上或地面上设置，采用顶装方式时，底边距地宜为2.0～2.5m。

设在墙面上、柱上的疏散指示标志灯具间距在直行段为垂直视觉时不应大于20m，侧向视觉时不应大于10m；对于袋形走道，不应大于10m。

交叉通道及转角处宜在正对疏散走道的中心的垂直视觉范围内安装，在转角处安装时距角边不应大于1m。

《建筑设计防火规范》GB 50016—2014（2018年版）

10.2.4 开关、插座和照明灯具靠近可燃物时，应采取隔热、散热等防火措施。

卤钨灯和额定功率不小于100W的白炽灯泡的吸顶灯、槽灯、嵌入式灯，其引入线应采用瓷管、矿棉等不燃材料作隔热保护。

额定功率不小于60W的白炽灯、卤钨灯、高压钠灯、金属卤化物灯、荧光高压汞灯（包括电感镇流器）等，不应直接安装在可燃物体上或采取其他防火措施。

本节8.11条主要强调水位仪接线盒的安装位置，从防水、安全、测量精度等方面考虑。8.13条约定安装在室外的配电箱、控制箱外壳的防水防尘要求，但设计时尽量避免将箱体安装于室外。8.14条约定安装在机房及配电间、电缆井内的电气设备，因有防火墙进行保护，可满足基本的防火要求；但安装此类场所外的箱体则必须考虑防火措施。但做地下室设计时，一般要求建筑专业在每个防火分区设置配电小间，一方面有利于防火安全，另一方面方便管理。

第九节　电气节能及绿色建筑电气措施

9.电气节能及绿色建筑电气措施

9.1供配电系统

1）根据本地区供电条件，本项目供电电压为10kV，低压系统配电电压220/380V。通过负荷计算，合理选择变压器的台数和容量，变压器负荷率≤85%。

2）变配电所靠近负荷中心，尽可能缩短低压供电线路的长度；配电系统尽量将单相负荷平均分配到三相上，三相不平衡度≤15%；在变压器低压侧集中设置无功自动补偿装置，补偿后高压侧功率因数不低于0.9。

9.2 照明

1）室内照明照度值和照明功率密度值（LPD）满足《建筑照明设计标准》GB 50034—2013 的规定，公共区域的 LPD 值满足目标值要求，详见本书有关照明照度值及功率密度值的相关内容。

2）建设方另行委托设计的室外夜景照明应满足《城市夜景照明设计规范》JGJ/T 163—2008 的有关规定，光污染的限制应符合下列规定：

①夜景照明设施在住宅窗户外表面产生的垂直面照度不应该大于《城市夜景照明设计规范》JGJ/T 163—2008 中表 7.0.2-1 规定的最大允许值要求；

②夜景照明灯具朝居室方向的发光强度不应大于《城市夜景照明设计规范》JGJ/T 163—2008 中表 7.0.2-2 规定的最大允许值要求；

③城市道路的非道路照明设施对汽车驾驶员产生的眩光的阈值增量不应大于 15%；

④居住区和步行区的夜景照明设施应避免对行人和非机动车造成眩光。夜景照明灯具的眩光限制值应满足《城市夜景照明设计规范》JGJ/T 163—2008 中表 7.0.2-3 规定的眩光限制值要求；

⑤灯具的上射光通比的最大值不大于《城市夜景照明设计规范》JGJ/T 163—2008 中表 7.0.2-4 规定的最大允许值要求；

⑥夜景照明在建筑立面和标识面产生的平均亮度不大于《城市夜景照明设计规范》JGJ/T 163—2008 中表 7.0.2-5 规定的最大允许值要求。

3）光污染的限制采取下列措施：

①在编制城市夜景照明规划时，对限制光污染提出相应的要求和措施；

②在设计城市夜景照明工程时，按城市夜景照明的规划进行设计；

③将照明的光线严格控制在被照区域内，限制灯具产生的干扰光，超出被照区域内的溢散光不应超过 15%；

④合理设置夜景照明运行时段，及时关闭部分或全部夜景照明、广告照明和非重要景观区高层建筑的内透光照明。

4）本设计所选用光源、镇流器的能效不低于相应能效国家标准的节能评价值。

5）光源的选择符合下列规定：

①一般照明选择光效较高的光源；

②除特殊工艺要求场所外，不选用白炽灯；

③走道、楼梯、卫生间、车库等场所选用发光二极管（LED）灯；

④疏散指示灯、出口标志灯、室内指向性装饰照明等选用发光二极管（LED）灯；

⑤室外景观、道路照明要求选择安全、高效、长寿、稳定的光源。

6）灯具及其附属装置的选择符合下列规定：

①在满足眩光要求条件下，选用效率高的灯具；

②荧光灯配电子镇流器或节能型电感镇流器；

③使用电感镇流器的气体放电灯采取单灯补偿方式，照明配电系统功率因数不低于 0.9，气体放电灯用镇

流器选用谐波含量低的产品。

7）照明控制符合下列规定：

①照明结合建筑使用情况及天然采光状况，合理分区、分组控制；

②门厅、电梯厅、停车库、公共卫生间采用集中控制，走廊、楼梯间等公共场所采用就地感应控制；

③除单一灯具的房间，每个照明开关所控光源数尽量少；

④庭院照明、道路照明采用时间或光电自动控制。

9.3 电气设备

1）选用低损耗、高效率SCB13型干式变压器，其能效值不低于《电力变压器能效限定值及能效等级》GB 20052—2020中能效标准的节能评价值。

2）选用节能型电梯，大于1台电梯设置电梯并联或群控措施、轿厢无人自动关灯技术、驱动器休眠技术。

3）电动机选用符合国家标准《电动机能效限定值及能效等级》GB 18613—2020中规定的产品。

4）长期运行且负荷波动较大、变化频繁的电动机如生活水泵采用变频调速控制。

9.4 建筑设备监控系统

10万 m² 及以上住宅小区公共部分的通风、空调、照明等设备应设建筑设备监控系统。对于空调通风系统的风机、水泵等设备，控制策略包括定值控制、最优控制、逻辑控制、时序控制和反馈控制等；对于照明系统采用人体感应、照度或定时等自动控制方式。该系统应满足物业管理需要，实现数据共享，并可生产优化管理所需的各种信息分析结果和统计报表。

9.5 业主另行委托设计的智能化系统专项设计应满足以下要求

1）智能化系统包括安全技术防范系统、信息通信系统、建筑设备监控系统、安（消）防监控中心。

2）智能化系统的设置应满足行业标准《居住区智能化系统配置与技术要求》CJ/T 174—2003的配置要求。

《电力变压器能效限定值及能效等级》GB 20052—2020

4.3 配电变压器能效限定值：配电变压器能效等级分为3级，其中1级损耗最低。油浸式配电变压器空载损耗和负载损耗标准值均应不高于表1中3级的规定。干式配电变压器空载损耗和负载损耗标准值均应不高于表2中3级的规定。

9.2条1）款与9.2条2）款主要是对另行委托设计的景观照明、泛光照明等提出的设计要求。9.2条4）~7）款在前面章节说明中均有所阐述，此处作为节能专篇进行集中说明。9.4条摘录于地方的绿色建筑标准，在设计时应参照各地方标准规范。

9.3条对变压器的能效等级进行了约定，产品采购时供货方提供的产品检验报告必须满足上述规范的要求，并不一定要求采用SCB13变压器。9.5条对于业主另行委托的智能化系统提出相关的设计要求。

第十节　住宅三网融合系统

10. 住宅三网融合系统

10.1 本工程通信网络系统采用基于 PON 设备的 FTTH 网络。在地下车库内设置小区设备间，各单体地下室内设置电信间，通信设施的配置满足多家电信业务经营者平等接入的要求。用户接入点设在电信间。每套住宅按一根 2 芯室内多模光纤进线考虑。

10.2 语音、数据光纤由弱电机房（地下室）经桥架或穿管埋地引至本建筑电信间光纤总配线架柜，再由总配线架柜通过强弱电井弱电桥架引至光纤分纤箱后再分线给住户弱电箱，户内再经住户弱电箱内的光猫跳配出至给户内的电话终端、宽带终端。

10.3 由弱电机房引入本建筑的电话电缆选用单模光缆，沿地下室弱电桥架引入。

10.4 由光纤分纤箱至各住户弱电箱的语音、数据光纤，均采用一根 2 芯室内多模光纤穿 PVC 管埋地、埋墙暗敷引入。每套住宅的户内语音电话、数据宽带电缆采用 2 芯 G.657A 光纤穿 PVC25 管，在地板、墙内暗敷。

10.5 光纤总配线架在配电间挂墙安装，光纤分纤箱在竖井内挂墙安装。住户弱电箱在每户住宅内嵌墙暗装。电话、网络插座嵌墙暗装。

10.6 其他安装请根据国家有关安装及验收标准执行。

10.7 电话、网络电缆由室外引入建筑物时（信号传输线为金属线者）均应设置适配的信号线路浪涌保护器。

目前，全国多数地区住宅采用三网融合的系统设计。住宅建筑户内目前安装的电话插座、电视插座、信息插座，功能相对来说比较单一，随着物联网的发展、三网融合的实现，住宅建筑里电视、电话、信息插座的功能也会更加多样化，各运营商也会给居民提供更多、更好的信息资源服务。设计人员在设计三网进户时，一定要与当地三网融合的实际程度相适应。目前采用的多是光纤到户（FTTH）模式，后期由有广电或通信资质的专业公司来进行深化设计施工。

第十一节　有线电视系统（CATV）

11. 有线电视系统（CATV）

11.1 本工程有线电视系统的节目源为当地有线，采用光缆接入。系统采用 862MHz 带宽，全部产品均须满足数字双向网络标准。在地下车库内设置前端机房。系统应采用当地运营商提供的运营方式。

11.2 本项目电视主干线采用 SYWV-75-12 P4 型同轴电缆由前端机房接入。系统的接入及分配装置均由当地运营商提供。

11.3 楼内采用同轴电缆传输方式，分支干线采用 SYWV-75-9 P4 型；用户分支线选用 SYWV-75-5 P4 型。分支线穿 PC20（1 根）或 PC25（2 ～ 3 根）沿地沿墙暗敷，且有线电视清晰度不低于 4 级。

11.4 本项目在客厅和主卧内设置电视插座。

目前，三网融合中有线电视与网络的组成方式有以下三种：一是单光纤入户，三网真正合一；二是双光纤入户，有线电视与网络的传输通道彻底分开；三是光纤与同轴电缆入户，网络还是光纤入户，而有线电视采用同轴电缆入户，有线电视实际是光纤到楼 FTTB。三种方案各有优缺点，由当地广电通信运营商根据网络建设水平选择。

第十二节　多功能访客对讲系统

12. 多功能访客对讲系统

12.1 本工程采用总线制多功能访客对讲系统，将住户的防入侵报警系统纳入其中。

12.2 本工程设独立的访客对讲系统，工作状态及报警信号送到小区管理中心，每套住宅按一个可视对讲点考虑。可视对讲系统室内机挂墙安装在住户门厅内（兼作防入侵报警系统控制器）。可视对讲系统应集成安防功能，可视对讲系统室内机具备可分防区分别接入紧急求助按钮、入侵报警探测器等。

12.3 每户住宅内的红外报警、门磁报警及紧急报警按钮等信号均引入对讲分机，再由对讲分机引出，通过总线引至小区管理中心。

12.4 本工程每户住宅内均设门磁报警、紧急报警按钮及红外报警等安全防范设施。各单元门口、室外进入地下室的门口、室外进入地上住宅楼梯间的门口、车库进入电梯厅的门口均设置门禁。

12.5 系统所有器件、设备均由承包商负责成套供货、安装、调试。

12.6 防雷措施

1）小区设备间的所有电源系统应按现行国家标准《通信局（站）防雷与接地工程设计规范》GB 50689 要求，安装不少于两级浪涌保护器，并保证前后级间退耦间距。

2) 进出小区设备间的各类缆线应按国家现行标准《通信局（站）防雷与接地工程设计规范》GB 50689要求，安装防雷保护装置。各类线缆应埋地引入，避免架空方式引入。具有金属护套的线缆引入时，应将金属护套接地。无金属护套的线缆宜穿钢管埋地引入，钢管两端做接地处理。引入线缆的金属外护层应在进线室或总配线架下做接地处理。

住宅可视对讲系统是指可以利用图像和声音识别来访客人，控制门锁、呼叫电梯等的系统，该系统可在发生紧急情况时向管理中心发送求助求援信号，管理中心亦可向住户发布信息。引用的相关规范条文见本书对应章节。

第十三节　视频监控系统

13. 视频监控系统

13.1 本工程视频监控系统的电视墙、视频矩阵、硬盘录像机等设备设于消防控制室（与视频监控室合用），监控室为禁区，设有门禁系统、直拨外线电话、紧急报警装置，并留有向上一级接处警中心报警的通信接口。

13.2 本工程在主要出入口、大堂、走道、地下室等重要部位设置摄像机进行有效的监控，可以保证小区人和物的安全。住宅楼一般在首层大堂入口、楼顶楼梯间设置摄像机，还有为防止高空抛物而在楼顶边缘处设置的摄像机。电梯轿厢内的监控和五方对讲功能由电梯厂家自带配置，以电梯厂家深化设计为准。各摄像机视频线及控制线通过金属线槽敷设至监控室。

13.3 矩阵切换和数字视频网络虚拟交换机、切换模式的系统应具有系统信息存储功能，在供电中断或关机后，均应保留所有编程信息和时间信息。

13.4 监视图像信息和声音信息应具有原始完整性。

13.5 系统记录的图像信息应包含图像编号、地址、记录时的时间和日期。视频图像信息保存期限不应少于30d。

13.6 要求每路存储的图像分辨率必须不低于352×288，每路存储的时间必须不低于30×24h，具体由承包单位根据业主和当地要求确定。

13.7 监控室显示设备的分辨率必须不低于系统对采集规定的分辨率。

13.8 安防监控中心应设置为禁区，应有保证自身安全的防护措施和进行内外联结的通信装置，并应设置紧急报警装置，留有向上一级接处警中心报警的通信接口。

　　住宅视频监控是安防系统的重要组成部分，在主要出入口、大堂、走道、地下室等重要部位设置摄像机进行有效的监控，可以保证小区人和物的安全。住宅楼一般在首层大堂入口、楼顶楼梯间设置摄像机，还有为防止高空抛物而在楼顶边缘处设置的摄像机。电梯轿厢内的监控和五方对讲功能由电梯厂家自带配置。

第十四节　电梯五方对讲系统

14. 电梯五方对讲系统

　　本项目设置电梯五方对讲系统，系统主机设置在消防控制室，此系统由电梯厂家深化设计，本次设计仅预留管线，具体系统组成及选用线型应以电梯厂家深化设计为准。

　　本系统一般在住宅电气设计中预留接口及相应的管线路由，具体由电梯厂家进行深化设计。

第十五节　火灾自动报警及联动控制系统

15. 火灾自动报警及联动控制系统

　　15.1 本工程采用集中报警系统。系统由火灾探测器、手动火灾报警按钮、火灾声光报警器、消防应急广播、消防专用电话、消防控制室图形显示装置、火灾报警控制器、消防联动控制器等组成。

　　15.2 本工程消防控制室位于 X 栋首层，有直通室外的出口。消防设备包括火灾报警控制器、防火门监控主机、电气火灾监控主机消防联动控制器、消防控制室图形显示装置、消防专用电话总机、消防应急广播控制装置、消防电源监控器等。消防控制室内应设置可直接报警的外线电话，室内严禁穿过与消防设施无关的电气线路及管路。消防控制室应有相应的竣工图纸、各分系统控制逻辑关系说明、设备使用说明书、系统操作规程、应急预案、值班制度、维护保养制度及值班记录等文件资料。

　　15.3 火灾自动报警系统设有手动和自动两种触发装置。

　　15.4 系统单台火灾报警控制器所连接消防设备及地址总数不应超过 3200 点，其中每一总线回路不应超过 200 点。单台消防联动控制器所连接的消防设备及地址总数不应超过 1600 点，其中每一总线回路不应超过 100 点。上述点数均应留有不少于额定容量 10% 的余量。

　　15.5 系统总线上应设置总线短路隔离器，每个总线短路隔离器保护的消防设备的总数不应超过 32 个。总线在穿越防火分区时，应在穿越处设置总线短路隔离器。

15.6 所有消防模块均设置在本报警区域内的金属模块箱内，严禁设置在配电（控制）柜（箱）内，并应在附近设置不小于 100×100 的标识。本报警区域内的模块不应控制其他报警区域的设备。

15.7 消防专用电话网络为独立的消防通信系统。在消防水泵房、防排烟机房、变配电室、各分配电室等与消防联动控制有关且经常有人值班的机房设置消防专用电话分机，并有区别于普通电话的标识。手动火灾报警按钮处设置消防对讲电话插孔，消防电话系统采用总线制式。

15.8 火灾自动报警系统应设置交流电源和蓄电池备用电源。蓄电池应急电源输出功率大于报警及联动控制系统全负荷功率的 120%，容量应保证系统同时工作负荷条件下连续工作 3h 以上。蓄电池组由设备厂家配套提供。

15.9 火灾自动报警设备应选择符合国家有关标准和有关市场准入制度的产品。

15.10 本项目属于一类高层住宅建筑，在建筑内部设置住宅建筑火灾自动报警系统。

1) 在地下室、商业网点、物业办公用房、设备机房、走道、前室及楼梯间等场所设置点型感烟探测器。

2) 在各防火分区的明显部位设置手动火灾报警按钮（附对讲电话插孔），从一个防火分区内的任何位置到邻近的手动报警按钮的步行距离不应大于 30m，底边距地 1.3m 安装，且应有明显标志。

3) 在首层的明显部位分别设置一台楼层火灾显示盘。显示盘采用壁挂安装，底边距地 1.3m 安装。

4) 在各层公共部位设置火灾声光警报器，安装高度距地 2.5m，火灾警报器声压等级不小于 60dB；若后期环境噪声大于 60dB，其声压等级应高于背景噪声 15dB。火灾声光报警器应具有语音提示功能，同时设置语音同步器。

5) 在各层的公共部位设置消防应急广播扬声器，扬声器的功率不小于 3W，墙上明装。各单元底层走道侧面墙上设置广播功率放大器，放大器配备用电池，电池持续时间达不到 1h 时，应向消防控制室发送报警信号。放大器上应具有消防电话插孔，消防电话插入后能直接讲话。

6) 消防电源监控自成系统，监控主机设在消防控制室，各消防设备电源箱处设监控器，系统采用总线连接，系统内各消防用电设备的供电电源和备用电源工作状态和欠压报警信息反馈至消防控制室。

15.11 消防联动控制：消防联动控制器应能按设定的控制逻辑向各相关的受控设备发出联动控制信号，并接受相关设备的联动反馈信号。各受控设备接口的特性参数应与消防联动控制器发出的联动控制信号相匹配。消防水泵、防排烟风机的控制设备，除应采用联动控制方式外，还应在消防控制室设置手动直接控制装置。所有需要火灾报警系统联动的消防设备，其联动触发信号都应采用两个独立的报警触发装置报警信号的"与"逻辑组合。

1) 自动喷水灭火系统联动控制方式：湿式报警阀压力开关的动作信号直接控制启动喷洒泵，联动控制不受消防控制器处于自动或手动状态影响。手动控制方式：将喷洒泵控制箱的启、停按钮专用线路直接引至消防控制室内的消防联动控制器的手动控制盘，直接手动控制喷洒泵的启停。水流指示器、信号阀、压力开关、喷淋消防泵的启停动作信号反馈至消防联动控制器。

2) 消火栓系统联动控制方式：由消火栓系统出水干管上的低压力开关、高位消防水箱出水管的流量开关等信号直接控制启动消火栓泵，联动控制不受消防控制器处于自动或手动状态影响。消火栓按钮的动作信号应作为报警信号及启动消火栓泵的联动触发信号，由消防联动控制器联动控制消火栓泵的启动。手动控制方式：将消火栓泵控制箱的启、停按钮专用线路直接引至消防控制室内的消防联动控制器的手动控制盘，直接手动控制消火栓泵的启停。消火栓泵的动作信号反馈至消防联动控制器。消防水泵控制柜面板明显部位设置于紧急时打开柜门的装置，消防联控器在自动喷淋、消火栓系统动作前切断正常照明。

3) 防排烟系统联动控制方式：防烟系统由加压送风口所在防火分区内的两个独立探测器的报警信号或一个探测器与一个手动报警按钮的报警信号，作为送风口开启和加压送风机启动的联动触发信号，由消防联动控制器控制相关部位送风口及送风机开启。排烟系统由同一防烟分区内的两个独立探测器的报警信号作为排烟口、排烟窗或排烟阀开启的联动触发信号，由消防联动控制器联动控制排烟口、排烟窗或排烟阀的开启；由排烟口、排烟窗或排烟阀的开启动作信号作为排烟风机启动的联动触发信号，由消防联动控制器联动控制排烟风机的启动。手动控制方式：在消防联动控制器上手动控制送风口、电动挡烟垂壁、排烟口、排烟窗、排烟阀的开启或关闭及防排烟风机等设备的启动或停止，防排烟风机的启、停按钮专用线路直接引至消防控制室内的消防联动控制器的手动控制盘，直接手动控制防排烟风机的启停。送风口、排烟口、排烟窗或排烟阀的开启和关闭的动作信号，防排烟风机启停及电动防火阀关闭的动作信号，均应反馈至消防联动控制器。排烟风机入口总管上的280℃排烟防火阀在关闭后应直接联动控制风机停止，排烟防火阀及风机的动作信号反馈至消防联动控制器。系统中任一常闭加压送风口开启时，加压风机应能自动启动。系统中任一排烟阀或排烟口开启时，排烟风机、补风机自动启动。当防火分区内火灾确认后，应能在15s内联动开启常闭加压送风口和加压送风机，并应开启该防火分区楼梯间的全部加压送风机及该防火分区内着火层，以及其上下层前室及合用前室的常闭送风口，同时启动加压送风机，此功能由风机设备厂家深化设计。

4) 防火卷帘系统联动控制方式：非疏散通道上的防火卷帘由其所在防火分区内两个独立探测器的报警信号作为防火卷帘下降的联动触发信号，由消防联动控制器控制防火卷帘直接下降至楼板面。手动控制方式：由防火卷帘两侧的手动控制按钮控制卷帘的升降，或由消防联动控制器手动控制防火卷帘的降落。防火卷帘下降到楼板面处的动作信号和防火卷帘控制器直接连接的感烟、感温火灾探测器的报警信号应反馈至消防联动控制器。

5) 电梯联动控制方式：由消防联动控制器发出联动控制信号强制所有电梯停于首层或电梯转换层，并切断客梯电源。电梯运行状态信息和停于首层或转换层的反馈信号，应传送给消防控制室显示，轿厢内应设置能直接与消防控制室通话的专用电话。

6) 火灾警报和消防应急广播联动控制方式：火灾确认后由消防联动控制器启动建筑内的所有火灾声光警报器，并同时向全楼进行消防应急广播系统。系统应能同时启动和停止所有火灾声警报器工作。消防应急广播应与火灾声警报器采取分时交替工作方式循环播放：先鸣警报8～20s；间隔2～3s后播放应急广播10～30s；再间隔2～3s依次循环进行直至疏散结束。消防控制室能够选择广播分区、启动或停止应急广播系统，并能监听消防应急广播。火灾声警报器及消防应急广播除联动控制外，同时也可由手动报警按钮直接控制启动。消防控制室内应能显示消防应急广播的广播分区的工作状态。当消防应急广播与普通广播或背景音乐广播合用时，应具有强制切入消防应急广播的功能。

7) 消防应急照明火灾确认后，由消防联动控制器启动应急照明控制器，由发生火灾的报警区域开始，顺序启动全楼疏散通道的火灾疏散照明系统，系统全部投入应急状态的启动时间不大于5s。疏散照明应在消防控制室集中手动、自动控制。不得利用切断消防电源的方式直接强启疏散照明灯。

15.12 防火门监控系统：本项目设置防火门监控系统，在电井内设置防火门监控分机。在防火门上方附近设置防火门监控模块，将疏散通道上各防火门的开启、关闭及故障状态信号反馈至防火门监控系统主机和消防控制室。

15.13 电气火灾监控系统：

1) 在消防控制室内设电气火灾监控主机。

2) 在各区域根据配电系统的性质和用途，设置安装电气火灾探测器，负责监视相应区域配电系统的剩余电流、过电流及线缆温度。剩余电流报警值为300mA，线缆温度报警值为65℃，报警动作时间不大于30s。

3) 系统采用RS485总线进行网络传输。

4) 所有电气火灾探测器均安装在配电柜（箱）内。

15.14 消防电源监控系统：在消防控制室内设消防电源监控系统主机，在各消防设备电源末端切换设备处设置信号传感器。消防控制室应能显示系统内消防用电设备的供电电源和备用电源的工作状态和欠压报警信息。

15.15 其他相关联动控制：联动控制切断火灾及相关区域的非消防用电，自动打开涉及疏散的电动栅栏及疏散通道上的门禁装置，自动打开停车场出入口挡杆。联动控制强制所有电梯停于首层或电梯转换层，电梯运行状态信息和停于首层或转换层的反馈信号应传送给消防控制室显示。

15.16 导线选择及线路敷设：消防负荷配电线路应选用低烟无卤耐火类电缆或导线，火灾自动报警系统的供电线路、消防联动控制线路、消防应急广播和消防专用电话等传输线路应采用阻燃耐火铜芯电线电缆；报警总线应采用阻燃或阻燃耐火电线电缆。线路暗敷设时，应采用金属管、可挠（金属）电气导管或B1级以上的刚性塑料管保护，并应敷设在不燃烧体的结构层内，且保护层厚度不应小于30mm；线路明敷设时，应采用金属管、可挠（金属）电气导管或金属封闭线槽保护，并刷防火涂料。火灾自动报警系统内不同电压、不同电流类别的线路应分管敷设，当合用线槽时，线槽内应有金属隔板或穿金属管分隔。

15.17 系统接地：消防控制中心设置专用接地端子排，采用专用接地干线 BVR-1×25 穿 PC25 管引至共用接地体，接地电阻小于1Ω。

住宅火灾自动报警及消防联动系统主要包含系统形式选择、系统设备设置、相关消防联动控制设计及住宅特殊的火灾自动报警要求等，必须做到安全可靠、技术先进、经济合理。而合理有效的火灾自动报警系统设计，也需要了解和熟悉其他设备专业的基本设计原理。设计说明中相关规范条文的解释，将在后续的章节中进行阐述。

第十六节　住宅工程质量通病及机电抗震

16. 住宅工程质量通病防治

16.1 建筑电气工程通病防治措施

1）照明开关高度为装饰地面上 1.3m，离门边距离为 0.15～0.2m。

2）电气设计系统图应按《建筑电气常用数据》19DX101-1 图集标明断路器型号规格，不得以生产厂家产品型号代替。

3）严禁利用室外地坪以下到 1.0m 以内的圈梁和底板做接地极。

4）每套住宅应设置同时断开相线和中性线的断路器，并应有过载、短路、过欠压保护器；严禁使用隔离开关。

5）公共部分照明开关应采用声控或光控开关，不得采用触摸开关。

6）电线、电缆应水平或者垂直布设；有特殊要求的电器应单独设一回路。

16.2 建筑智能化工程通病防治措施

1）智能化与土建同步设计，整体规划。采用光纤到楼栋（FTTB）、光纤到户（FTTH）方式，智能化系统架构宜简单、实用、可靠。

2）智能化系统分期建设的应为后期预留接口及管线通路。消防控制中心与安保中心合并建设。

3）电梯应进行五方通话链路管线设计，其中与值班室的通话应包含门卫值班室与安保中心值班室，电梯发生故障与事故时，宜同时在门卫值班室与安保中心值班室报警。

4）设计地下室消防报警系统时，探测器应考虑梁的影响，风机水泵等设备应设置硬线控制线，消防水池水位应设置水位显示及下限、溢流报警装置。

5）住宅小区的监控中心与弱电机房，应按计算机机房 C 级的要求进行设计。应根据弱电设备负荷、后备 0.5h 的要求，配置 UPS 供电装置及电池容量。

6）安防系统应具有中心布、撤防功能。不宜使用微波探测器。

7）电梯、楼梯口等狭小空间区域应采用半球摄像机；路口、车道等狭长场景应采用枪机；广场、大厅等可采用球机。对照度变化大的场景应选用具备宽动态性能的摄像机。

8）对室外线路如视频电缆、广播线路等要进行防感应雷 SPD 保护。

16.3 本项目的抗震设防烈度为 6 度，应进行建筑机电工程抗震设计。

16.4 为防止地震时电力系统失效、短路及起火，造成人员伤亡及财产损失，根据《建筑抗震设计规范》GB 50011—2010 及《建筑机电工程抗震设计规范》GB 50981—2014，应对机电管线系统进行抗震加固。

16.5 本项目使用重力超过 1.8kN 的设备。内径不小于 DN60mm 的电气配管及重力不小于 150N/m 的电缆桥架、电缆梯架、电缆线盒、母线槽都应进行抗震设防，与混凝土、钢结构、木结构等采取可靠的锚固形式。抗震支吊架最大安装间距须符合《建筑机电工程抗震设计规范》GB 50981—2014 的规定，所有产品须满足《建筑机电设备抗震支吊架通用技术条件》CJ/T 476—2015 的规定。

16.6 电梯除应做抗震防护外，在地震时还应能够自动靠近平层，且停运。应急照明、通信设备电源地震时应能正常工作。本工程电气设备间及电缆管井均设置在不易受震动破坏的场所。设在建筑物屋顶上的共用天线应采取安全防护措施，防止因地震导致设备或部件损坏后伤人。建筑内机电设备的安装、导线选择及线路敷设还应符合《建筑机电工程抗震设计规范》GB 50981—2014 第 7 章的相关规定。

《建筑物防雷设计规范》GB 50057—2010

5.4.4 人工接地体在土壤中的埋设深度不应小于 0.5m，并宜敷设在当地冻土层以下，其距墙或基础不宜小于 1m。接地体宜远离由于烧窑、烟道等高温影响使土壤电阻率升高的地方。

《民用建筑电气设计标准》GB 51348—2019

11.8.5 接地极埋设深度不宜小于 0.6m，接地极应远离由于高温影响使土壤电阻率升高的地方。

11.8.6 为降低跨步电压，人工防雷接地网距建筑物入口处及人行道不宜小于 3m，当小于 3m 时，应采取下列措施之一：

1. 水平接地极局部深埋不应小于 1m；

2. 水平接地极局部应包以绝缘物；

3. 采用沥青碎石地面或在接地网上面敷设 50～80mm 沥青层，其宽度不宜小于接地网两侧各 2m。

目前，各省市均发布了"住宅工程质量通病防治技术规程"，对住宅工程设计及施工中容易出现的问题进行专项防治，以上说明是以某省的"住宅工程质量通病防治技术规程"为例编写的。

16.1 条 3）款"严禁利用室外地坪以下到 1.0m 以内的圈梁和底板做接地极"。本条主要涉及的规范条文如下文所示，但是均未提到 1.0m 的数值，已废止的《民用建筑电气设计规范》JGJ16—2008 中为 0.6m，仅在入口和人行道处要求埋设深度不小于 1m。由此可见，此处 16.1 条 3）款条文应为笔误，为过度设计。这一点也提醒设计人员，规范条文，尤其是地方标准，要注意推敲，不能盲目执行。

第十七节　施工验收规范相关要求

17. 施工验收规范相关要求

17.1《建筑电气工程施工质量验收规范》GB 50303—2015

1）高压的电气设备、布线系统以及继电保护系统必须交接试验合格。

2）电气设备的外露可导电部分应单独与保护导体相连接，不得串联连接，连接导体的材质、截面积应符合设计要求。

3）电动机、电加热器及电动执行机构的外露可导电部分必须与保护导体可靠连接。

4）母线槽的金属外壳等外露可导电部分应与保护导体可靠连接，并应符合下列规定：

①每段母线槽的金属外壳间应连接可靠，且母线槽全长与保护导体可靠连接不应少于2处；

②分支母线槽的金属外壳末端应与保护导体可靠连接；

③连接导体的材质、截面积应符合设计要求。

5）金属梯架、托盘或槽盒本体之间的连接应牢固可靠，与保护导体的连接应符合下列规定：

①梯架、托盘和槽盒全长不大于30m时，不应少于2处与保护导体可靠连接；全长大于30m时，每隔20～30m应增加一个连接点，起始端和终点端均应可靠接地；

②非镀锌梯架、托盘和槽盒本体之间连接板的两端应跨接保护联结导体，保护联结导体的截面积应符合设计要求；

③镀锌梯架、托盘和槽盒本体之间不跨接保护联结导体时，连接板每端不应少于2个有防松螺帽或防松垫圈的连接固定螺栓。

6）钢导管不得采用对口熔焊连接；镀锌钢导管或壁厚≤2mm的钢导管不得采用套管熔焊连接。

7）金属电缆支架必须与保护导体可靠连接。

8）交流单芯电缆或分相后的每相电缆不得单独穿于钢导管内，固定用的夹具和支架不应形成闭合磁路。

9）同一交流回路的绝缘导线不应敷设于不同的金属槽盒内或穿于不同金属导管内。

10）塑料护套线严禁直接敷设在建筑物顶棚内、墙体内、抹灰层内、保温层内或装饰面内。

11）灯具固定应符合下列规定：

①灯具固定应牢固可靠，在砌体和混凝土结构上严禁使用木楔、尼龙塞或塑料塞固定；

②质量大于10kg的灯具，固定装置及悬吊装置应按灯具重量的5倍恒定均布载荷做强度试验，且持续时间不得少于15min。

12）普通灯具、专用灯具的Ⅰ类灯具外露可导电部分必须采用铜芯软导线与保护导体可靠连接，连接处应设置接地标识，铜芯软导线的截面积应与进入灯具的电源线截面积相同。

13）景观照明灯具安装应符合下列规定：

①在人行道等人员来往密集场所安装的落地式灯具，当无围栏防护时，灯具距地面高度应大于2.5m；

②金属构架及金属保护管应分别与保护导体采用焊接或螺栓连接，连接处应设置接地标识。

14）插座接线应符合下列规定：

①对于单相两孔插座，面对插座的右孔或上孔应与相线连接，左孔或下孔应与中性导体连接；对于单相三孔插座，面对插座的右孔应与相线连接，左孔应与中性导体连接；

②单相三孔、三相四孔及三相五孔插座的保护接地导体应接在上孔；插座的保护接地导体端子不得与中性导体端子连接；同一场所的三相插座，其接线的相序应一致；

③保护接地导体在插座之间不得串联连接；

④相线与中性导体不应利用插座本体的接线端子转接供电。

15）变配电室及电气竖井内接地干线应与接地装置可靠连接。

16）接闪器与防雷引下线必须采用焊接或卡接器连接，防雷引下线与接地装置必须采用焊接或螺栓连接。

17.2《1kV 及以下配线工程施工与验收规范》GB 50575—2010

1）电线接头应设置在盒（箱）或器具内，严禁设置在导管和线槽内，专用接线盒的设置应便于检修。

2）三相或单相的交流单芯线不得单独穿于钢导管内。

17.3《建筑物防雷工程施工与质量验收规范》GB 50601—2010

1）除设计要求外，兼作引下线的承力钢结构构件、混凝土梁、柱内钢筋与钢筋的连接，应采取土建施工的绑扎法或螺丝扣的机械连接，严禁热加工连接。

2）建筑物外的引下线敷设在人员可停留或经过的区域时，应采取下列一种或多种方法，防止接触电压和旁侧闪络电压对人员造成伤害。

①外露引下线在高 2.7m 以下部分穿不小于 3mm 厚的交联聚乙烯管，交联聚乙烯管应能耐受 100kV 冲击电压（1.2/50μs）；

②应设立阻止人员进入的护栏或警示牌。护栏与引下线水平距离不应小于 3m。

3）引下线安装与易燃材料的墙壁或墙体保温层间距应大于 0.1m。

4）建筑物顶部和外墙上的接闪器必须与建筑物栏杆、旗杆、吊车梁、管道、设备、太阳能热水器、门窗、幕墙支架灯外露的金属物进线等电位连接。

17.4《电气装置安装工程接地装置施工及验收规范》GB 50169—2016

1）电气装置的下列金属部分，均应接地：

①电气设备的金属底座、框架及外壳的传动装置；

②便携式或移动式用电器具的金属底座和外壳；

③箱式变电站的金属箱体；

④互感器的二次绕组；

⑤配电、控制、保护用的屏（柜、箱）及操作台的金属框架和底座；

⑥电力电缆的金属护层、接头盒、终端头和金属保护管及二次电缆的屏蔽层；

⑦电缆桥架、支架和井架；

⑧变电站（换流站）构、支架；

⑨装有架空地线或电气设备的电力线路杆塔；

⑩配电装置的金属遮拦；

⑪电热设备的金属外壳。

2）严禁利用金属软管、管道保温层的金属外皮或金属网以及电缆金属保护层作为接地线。

3）电气装置的接地必须单独与接地母线或接地网相连接，严禁在一条接地线中串接两个及两个以上需要接地的电气装置。

17.5《电气装置安装工程电缆线路施工及验收标准》GB 50168—2018

1）金属电缆支架、桥架及竖井全长均必须有可靠的接地。

2）对爆炸和火灾危险环境、电缆密集场所或可能着火蔓延而酿成严重事故的电缆线路，防火阻燃措施必须符合设计要求。

17.6《电气装置安装工程旋转电机施工及验收标准》GB 50170—2018

1）发电机、调相机必须有不少于2个明显接地点，并应分别引入接地网的不同位置，接地必须牢固可靠。

2）电动机必须有明显可靠的接地。

本节主要列举《建筑电气工程施工质量验收规范》GB 50303—2015 中的强制性条文，本规范主要为加强建筑工程质量管理，统一建筑电气工程施工质量验收标准，保证工程质量。将本规范相关条文列入设计文件，在近几年渐渐兴起，主要是因为部分施工图审查机构在审查时会对设计文件提"强条"。但实际上，本条文部分条款确实应在设计文件中进行说明，但大部分条文仅对施工单位的施工进行约定，审查机构要求设计文件中注明大部分条文，对规范的执行来说，确实有变形走样的嫌疑。以下对重点条文进行解读。

17.1 条 6）款，钢导管对口焊接在技术上熔焊会产生烧穿，内部结瘤，在穿线缆时损坏绝缘层，而镀锌钢管焊接时会破坏镀锌层，从而让使用镀锌钢管的意义丧失。

17.1 条 11）款，由于木楔、尼龙塞或塑料塞不具有像膨胀螺栓一样的楔形斜度，无法促使膨胀，产生摩擦握裹力而达到锚定效果，所以在砌体和混凝土结构上不应用其固定灯具，以免发生由于安装不可靠或意外因素，发生灯具坠落现象而造成人身伤亡事故。

17.1 条 12）款，Ⅰ类灯具的防触电保护不仅依靠基本绝缘，还包括基本的附加措施，即把外露可导电部分连接到固定的保护导体上，使外露可导电部分在基本绝缘失效时，防触电保护器在规定时间内切断电源，不致发生安全事故。

17.1 条 13）款，随着城市的美化，建筑物立面反射灯的应用增多，有的灯具由于位置关系，安装在人员密集的场所或易被人接触的位置，因而要有严格的防灼伤和防触电的措施。当选用镀锌金属构架及镀锌金属保护管与保护导体连接时，应采用螺栓连接。

17.1 条 14）款，保护接地 PE（导体）在插座之间不得串联连接，是为了防止因 PE 在插座端子处断线后导致 PE 虚接或中断而使故障点之后的插座失去 PE 线。建议使用符合现行国家标准《家用和类似用途低压电路用的连接器件》GB 13140 标准要求的连接装置，从回路总 PE 上引出的导线，单独连接在插座 PE 端子上。这样即使该端子处出现虚接故障，也不会引起其他插座失去 PE 保护。"串联"与"不串联"的做法见图 1—1。

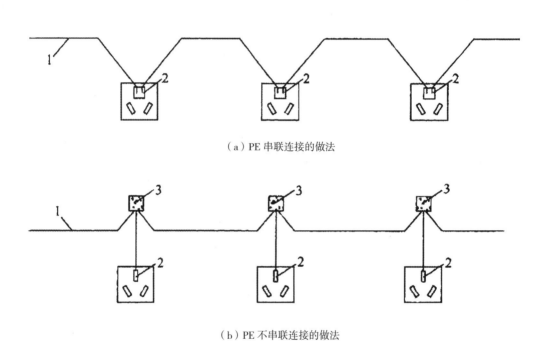

（a）PE 串联连接的做法

（b）PE 不串联连接的做法

图 1-1　PE 线在插座端子处串联与不串联连接的做法
1-PE 绝缘导线；2-PE 插孔；3- 导线连接器

17.1 条 16）款，阐述接闪器与防雷引下线、防雷引下线与接地装置的连接方式。本规范相较《建筑物防雷设计规范》GB 50057—2010 的连接方式，要求有所提高，本规范规定只能采取焊接或卡接器、螺栓连接。

17.2 条，电缆接头设在管内不利于穿线，而且接头又是日后运行中容易发生故障的部位，设在内部既不易检查又不易发现，且在槽盒内发生故障会蔓延到其他回路，故有此条规定。

17.3 条 1）款，热加工连接可能会导致承力钢构件的结构负荷能力下降，且引下线钢筋可以通过绑扎形成电气连接，故有此条文要求，在实际设计中引下线采用螺丝扣连接。而引下线与接地极的连接一般在施工中采用焊接。

17.3条2）款，主要考虑明敷的引下线可能在人接触时产生危险，住宅建筑中引下线明敷的情况较少，但是多层住宅建筑应特别注意接地极埋设的深度。

第十八节　其他

18. 其他

18.1 总则

1）施工单位应严格按照本工程设计图纸和施工技术标准施工，不得擅自修改工程设计。

2）电气施工和安装除满足施工图设计要求外，还应满足国家现行的施工验收标准、规范及强制性条文和标准。

3）施工前应及时与设计、监理等进行全面的施工设计技术交底，并做好交底纪要和必要的风险防范。

4）施工单位在施工过程中发现设计文件和图纸有差错的，应及时通知本设计院，提出的意见和建议应征得本设计院电气设计师同意，并按照管理部门要求重新上报施工图审查机构审查，审查合格后方可施工。

18.2 凡本说明未详尽部分，请详见相关系统图、平面图及国家和地方有关规范、标准。

18.3 全部施工、安装应符合国家规范、标准要求，与土建专业配合施工，预埋好安装构件及穿线保护管。

18.4 线路过长、弯头过多处请施工队酌情加设过路盒（箱），并注意美观。电气管线穿外墙及屋面应做好防水处理。各种管线过沉降缝、伸缩缝时做相应处理。

18.5 电气预留电缆井、管道井在施工完毕后应在每层楼板处采用不低于楼板耐火极限的不燃材料或防火封堵材料封堵，水平洞上还应加盖钢盖板，防止检修人员跌入。建筑内的电缆井、管道井与房间走道等相连通的孔隙应采用防火封堵材料封堵。

18.6 电缆在电缆托盘或电缆梯架内敷设时应用电缆夹固定；金属桥架及挂件采用热镀锌材料，超过规定长度时做伸缩处理。

18.7 潮湿场所应考虑电器设备防潮及漏电保护。

18.8 金属桥架、管线穿越防火分区时应做防火分隔，各种管线过沉降封时做沉降处理。

18.9 设置在公共区域内的配电箱（柜）须加锁，电梯配电箱（柜）须加锁。

18.10 残疾人坡道照明可结合总体道路照明统一考虑，照度不低于150lx。

18.11 本书表1-2中列出的"图例及材料表"数量及型号规格仅作参考用，不作定货的依据，投标单位的标书应以全套施工图为准。

18.12 强、弱电插座的间距应符合相关施工验收规范的规定，数据、有线电视插座旁边应有强电插座，如有遗漏，请及时与设计人员联系沟通。

18.13 水泵、空调机和各类风机等设备电源出线盒的具体位置以水、暖专业图纸为准。

18.14 随设备成套自带的控制箱应符合电气专业的外壳防护等级和其他相关要求。

18.15 自动控制或联锁控制的电动机，应有手动控制和解除自动控制或联锁控制的措施；远方控制的电动机，应有就地控制的措施；当突然启动可能危及周围人员安全时，应在机械旁装设起动预告信号和应急断电开关或自锁式按钮。

18.16 本工程采用的断路器均具有隔离功能。

18.17 强电管线安装前，总包、监理协同水、暖、电各工种明确各自管道、桥架空间位置后方可施工。

18.18 为设计方便，本工程所选设备型号仅供参考（不应理解为指定品牌），招标所确定的设备规格、性能等技术指标不应低于设计图纸的要求。

18.19 本工程选用的国家标准图集如下：

《常用风机控制电路图》16D303-2

《常用水泵控制电路图》16D303-3

《防雷与接地设计施工要点》15D500

《建筑物防雷设施安装》15D501

《等电位联结安装》15D502

《接地装置安装》14D504

《利用建筑物金属体做防雷及接地装置安装》15D503

《建筑电气常用数据》19DX101-1

《民用建筑电气设计与施工 上册》D800-1～3（2008年合订本）

《民用建筑电气设计与施工 中册》D800-4～5（2008年合订本）

《民用建筑电气设计与施工 下册》D800-6～8（2008年合订本）

《室内管线安装》D301-1～3（2004年合订本）

《110kV及以下电缆敷设》12D101-5

《母线槽安装》19D701-2

《常用低压配电设备及灯具安装》D702-1～3（2004年合订本）

《电气竖井设备安装》04D701-1

18.1条主要阐述设计与施工协调的注意事项，因设计产品、环境、时序等与施工时存在较大的偏差，设计与施工均应严格按照规范执行，同时应通过加强沟通消除这种偏差带来的影响。

18.2～18.9条均是在施工和设计中应注意的事项，在设计文件的系统、平面、说明等文件中会予以注明。

18.10 条，入户处残疾人坡道的照明一般纳入小区室外内部道路进行考虑，在此处对照度予以约定。

18.15 条，远方自锁式开关一般在平面图中应予以标注。

18.16 条对断路器功能进行统一说明。

18.18 条，一般在沿海地区，设计文件中均不能标注厂家设备型号，初学者应在设计文件中标注国标型号，尽量不标注厂家型号。

18.19 条主要列举本设计中引用的图集，这里仅以国标图集为例。因我国幅员辽阔，各个区域气候条件、建筑材料等均不相同，各个区域均有适用于当地的标准图集，如"东北标""华北标""西南标""中南标""新疆标"等，设计时应根据地方的实际情况合理选择标准图集及相关做法。

第十九节　线路敷设方式说明

本节主要列举本设计中使用到的线路敷设方式及位置代号，参见《建筑电气工程设计常用图形和文字符号》09DX001 线路敷设方式说明见表 1-4。

表 1-4 线路敷设方式说明

敷设方式	说明	主要规格	管材要求
SC	穿低压流体输送用焊接钢管	15—20-25-32-40-50-65-80-100-125-150	热镀锌，壁厚不小于2.0mm，制造标准应符合《低压流体输送用焊接钢管》GB/T 3091—2015
MT	穿普通碳素钢电线套管	16-19-25-32-38-51-64-76	热镀锌，壁厚不小于1.5mm
JDG	穿套接紧定式钢管	16—20-25-32-40	制造标准应符合《套接紧定式钢导管电线管路施工及验收规程》T/CECS 120—2021
CP	穿可挠金属电线保护套管	——	
PVC-U	穿硬聚氯乙烯电线管	25-32-40-50-70-80-90-110-125-140-160-180	重型、难燃

敷设方式	说明	主要规格	管材要求
PC	穿聚氯乙烯硬质电线管	16—20-25-32-40-50-63	重型、难燃
FPC	穿聚氯乙烯半硬质电线管	16—20-25-32-40-50	—
KPC	穿塑料波纹电线管	—	—
CT	电缆托盘敷设	W=100—200-300-400-500-600 H=75-100-150—200	热镀锌
CL	电缆梯架敷设	W=100—200-300-400-500-600 H=75-100-150—200	热镀锌
MR	金属槽盒敷设	W=50-100—200-300-400-600 H=75-100-150—200	热镀锌、消防用表面刷防火涂料或包覆防火材料

钢托盘、梯架允许最小板材厚度	
托盘、梯架宽度（mm）	允许最小厚度（mm）
＜ 400	1.5
400 ～ 800	2.0
＞ 800	2.5

线路敷设部位说明			
AB	沿或跨梁（屋架）敷设	BC	暗敷设在梁内
AC	沿或跨柱敷设	CLC	暗敷设在柱内
CE	沿吊顶或顶板面敷设	WC	暗敷设在墙内
SCE	吊顶内敷设	FC	暗敷设在地板或地面下

续表二

WS	沿墙面敷设	DB	直接埋设
敷设方式	**说明**	**主要规格**	**管材要求**
RS	沿屋面敷设	TC	电缆沟内
CC	暗敷设在顶板内		
	板内		

第二十节 图例及材料表

本节主要列举本设计中使用到的设备材料见表 1-5，具体参数结合本设计进行调整，标准图例参见《建筑电气工程设计常用图形和文字符号》09DX001。在设计说明中尽量不标注设备安装高度，以免造成前后不一致的情况。

表 1-5 图例及材料表

序号	符号	名称	型号与规格	安装方式及安装高度
1		电表箱	电力公司制作	表箱最高观察窗中心线及门锁距地面高度应不超过 1.8m
2		照明配电箱：AL	见配电箱系统图	住户内暗装，单排 H+1.8m，双排 H+1.6m
3		动力配电箱：AP	见接线及电气平面图	地下室、机房、电井内底边距地 H+1.5m 挂墙明装
4		双电源切换箱：AT	见接线及电气平面图	地下室、机房、电井内底边距地 H+1.5m 挂墙明装
5		电井内墙上座灯	—	壁装，门口正上方 H+0.1m
6		壁装单管荧光灯（自带蓄电池）	应急时间 ≥ 90min	电梯机房距地 H+2.5m 壁装

序号	符号	名称	型号与规格	安装方式及安装高度
7	E	壁装双管荧光灯（自带蓄电池）	应急时间 ≥90min	电梯机房距地 H+2.5m 壁装
8	⊗	紧凑型荧光灯	LED 灯	吸顶
9	(t)	红外感应自熄荧光灯	LED 灯	吸顶
10		壁装单管荧光灯	功率见平面图 T5	电梯机房距地 H+2.5m 壁装
11		壁装双管荧光灯	功率见平面图 T5	电梯机房距地 H+2.5m 壁装
12		暗装单联单控开关	10A，250V	暗装，H+1.3m 高门边距离为 0.15～0.2m
13		暗装双联单控开关	10A，250V	暗装，H+1.3m 高门边距离为 0.15～0.2m
14		暗装三联单控开关	10A，250V	暗装，H+1.3m 高门边距离为 0.15～0.2m
15		暗装单（双）联双控开关	10A，250V	暗装，H+1.3m（床头 0.65m）
16	CJ	暗装单联单控开关（首层残疾人使用）	10A，250V	暗装，H+1.0m，选用大面板，带标示
17		单相二、三极安全型插座	10A，250V	暗装，卧室床头侧 H+0.65m，大堂 H+0.5m，其余 0.3m
18	X	单相三极洗衣机用安全型插座，IP54	10A，250V	暗装，H+1.3m
19	P	单相三极油烟机用插座，IP54	10A，250V	暗装，H+2.0m
20	F	单相二、三极安全型插座，IP54	10A，250V	厨房、卫生间暗装，H+1.3m

续表二

序号	符号	名称	型号与规格	安装方式及安装高度
21	B	单相三极冰箱用安全型插座，IP54（厨房内）	10A，250V	暗装，厨房 H+1.3m，餐厅 H+0.3m
22	R	单相三极电热水器插座，IP54	16A，250V	卫生间暗装，H+2.3m
23	Z	单相二、三极安全型插座	10A，250V	家居配线箱内安装，AC220V ≥ 100W
24	K	单相三极壁挂空调插座	16A，250V	暗装，H+2.0m
25	G	单相三极安全型柜式空调插座	16A，250V	暗装，H+0.3m
26	D	单相二、三极安全型电视机插座	10A，250V	暗装，客厅、卧室 H+0.6m
27		插座并列安装	—	中间不留空隙，其他设备同
28		插座上下对直安装	—	安装高度见标注
29		卫生间换气扇	—	壁装，3 区
30		电梯机房轴流风机	暖通专业选型	壁装
31	AX	风机水泵现场控制按钮箱	—	底边距地 H+1.3m，安装在室外和潮湿场所 IP54
32	MEB	总等电位接地端子箱	—	底边距地 H+0.3m
33	LEB	局部等电位接地端子箱	—	底边距地 H+0.3m
34	SEB	辅助等电位接地端子箱	—	底边距地 H+0.3m

说明：

1. 表中 H 为本层建筑完成面高度。

2. 表中电箱、开关、插座、壁装灯具、按钮、壁装自动报警设备及户内对讲分机的安装高度均指底边高度。

3. 卫生间、露台、开敞式阳台插座、卫生间内及室外开关均采用防溅型插座（即加防溅面盖），室外安装的设备防护等级应满足规范要求。户内插座 H+1.80m 及以下时采用安全型插座。

4. 与电视插座并列安装的其他插座均与电视插座同高。

5. 室内对讲机和开关在同一墙面时，对讲机面板和开关面板并列安装。

6. 插座与热水器、燃气管间的水平净距不得小于 150mm，与燃气表间的水平净距不得小于 200mm。

7. 当插座设于飘窗下时，插座底边距地 0.2m。

8. 门后分户墙上设置两个电箱，当门口尺寸不够时，箱体安装高度分别按 1.65m 及 1.9m 设置，并尽量水平错位安装；当电箱为双排箱时应水平错开安装，安装高度为 1.65m 及 1.9m，保证配电箱不突出门扇投影。

以上即电气设计说明，编制时应特别注意对与本工程实际情况相关的内容进行修改调整，做到说明、平面图、系统图的一致，做到相互补充、相互解释。

第二章┃住宅套内电气设计

住宅工程范围广，与民生息息相关，为满足人民群众对美好生活的向往，电气设计除满足住宅使用功能的基本要求外，还应以保障人身和财产安全，保证系统的可靠性、供电的连续性、经济合理性以及使用维护方便为原则进行设计。

第一节　设计必备

1.《民用建筑电气设计标准》GB 51348—2019

2.《住宅建筑规范》GB 50368—2005

3.《住宅设计规范》GB 50096—2011

4.《民用建筑设计统一标准》GB 50352—2019

5.《建筑照明设计标准》GB 50034—2013

6.《低压配电设计规范》GB 50054—2011

7.《住宅建筑电气设计规范》JGJ 242—2011

8.《住宅建筑规范》GB 50368—2005 为全文强制性条文，必须严格执行，与规范或标准相关的条文在设计示例中进行说明。

第二节　接收相关专业条件

一、建筑专业

主要接收建筑专业的平面图、家具布置图（包括空调机位、电热水器、洗衣机等）、立面图和与户型对应的面积指标表（一般在平面图中标注，根据户型面积确定住户配电箱安装容量）。住宅套内平面电气出图一般有两种形式，第一种是直接在建筑专业的大平面图中绘制，第二种是在户型放大图中绘制。大样图比例一般为 1∶50，这样图纸表达更清楚，后期平面或布局修改只需要修改户型放大图，故推荐。

二、结构专业

主要接收结构专业的梁图，将梁图套在建筑户型平面图中。

三、给排水专业

接收给排水专业的资料较少，一般住宅的热水器、洗衣机等位置均在建筑平面图中体现。但分户式采暖的壁挂炉、散热片、地板采暖水管等位置需给排水专业提供相关资料。

四、暖通专业

空调多采用分体空调，以建筑平面布置为准，须区分壁挂和柜式空调。如为户式集中空调，则由暖通专业提供空调室外机、室内机的位置及负荷参数、新风机位置等。

第三节　清理图纸

删除或关闭与电气无关的图层或标注，将家具、设备等设置为打印时淡显 50%，以便重点突出电气的图例与管线，方便阅图，图纸清理详见图 2-1、图 2-2 示例（电气制图相关设计要求参考《建筑电气制图标准》GB/T 50786—2012）。

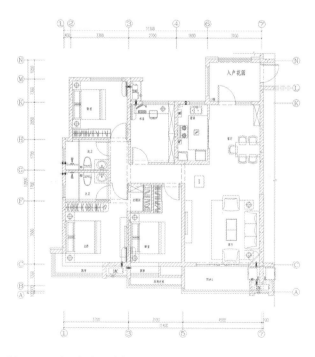

图 2-1　已清理好户型放大平面图示例（图中虚线为梁布置图）

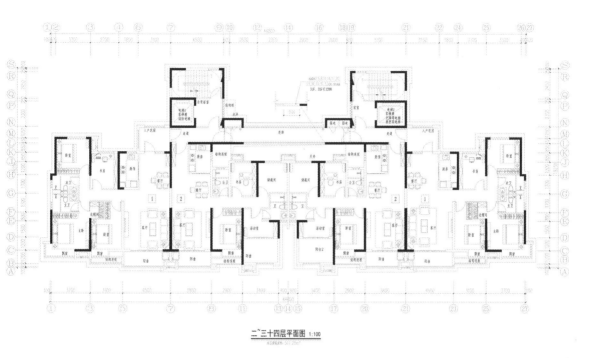

二~三十四层平面图 1:100

图 2-2　已清理好大建筑平面图示例

第四节　照明平面图绘制

　　住宅照明设计较为简单，毛坯交付的住宅保证一个功能区有一个照明点位即可，无须进行灯具参数标注等工作。精装交付的住宅则需在精装修的灯具布置图上绘制照明平面图，同时复核主要功能空间的照明值和功率密度值，接下来将分步骤进行讲解。

一、照度值和照明功率密度值

　　照度值和照明功率密度值（LPD值）按《建筑照明设计标准》GB 50034—2013中表5.2.1和表6.3.1的要求确定。

表 5.2.1 住宅建筑照明标准值

房间或场所		参考平面及其高度	照度标准值 (lx)	R_a
起居室	一般活动	0.75m 水平面	100	80
	书写、阅读		300*	
卧室	一般活动	0.75m 水平面	75	80
	床头、阅读		150*	
餐厅		0.75m 餐桌面	150	80
厨房	一般活动	0.75m 水平面	100	80
	操作台	台面	150*	
卫生间	0.75m 水平面	100	80	80
电梯前厅		地面	75	60
走道、楼梯间		地面	50	60
车库		地面	30	60

注：* 指混合照明照度。

表 6.3.1 住宅建筑每户照明功率密度限值

房间或场所	照度标准值 (lx)	照明功率密度限值 (W/m²)	
		现行值	目标值
起居室	100	≤ 6.0	≤ 5.0
卧室	75		
餐厅	150		
厨房	100		

房间或场所	照度标准值 (lx)	照明功率密度限值 (W/m²)	
		现行值	目标值
卫生间	100	≤ 6.0	≤ 5.0
职工宿舍	100	≤ 4.0	≤ 3.5
车库	30	≤ 2.0	≤ 1.8

当为毛坯交房时，只需按房间功能分区布置灯具，不需要进行照度值和照明功率密度值计算，由小业主二次装修时自定。当为精装修交房时，灯具布置由精装修公司确定，电气专业须对照度值和照明功率密度值复核和进行照明线路的配电设计。照度值和照明功率密度值要求一般在设计总说明中列表表达。

二、套内照明规范相关要求

《住宅建筑电气设计规范》JGJ 242—2011 相关设计要求：

9.1.1 住宅建筑的照明应选用节能光源、节能附件，灯具应选用绿色环保材料。

9.4.1 灯具的选择应根据具体房间的功能而定，并宜采用直接照明和开启式灯具。

9.4.2 起居室（厅）、餐厅等公共活动场所的照明应在屋顶至少预留一个电源出线口。

9.4.3 卧室、书房、卫生间、厨房的照明宜在屋顶预留一个电源出线口，灯位宜居中。

9.4.4 卫生间等潮湿场所，宜采用防潮易清洁的灯具；卫生间的灯具位置不应安装在0、1区内及上方。装有淋浴或浴盆卫生间的照明回路，宜装设剩余电流动作保护器，灯具、浴霸开关宜设于卫生间门外。

9.4.5 起居室、通道和卫生间照明开关，宜选用夜间有光显示的面板。

《住宅建筑规范》GB 50368—2005（全文强条）相关设计要求：

8.5.5 住宅套内的电源插座与照明，应分路配电。安装在1.8m及以下的插座均应采用安全型插座。

《住宅设计规范》GB 50096—2011 相关设计要求：

8.7.2 住宅供电系统的设计，应符合下列规定：

3 套内的空调电源插座、一般电源插座与照明应分路设计，厨房插座应设置独立回路，卫生间插座宜设置独立回路。

规范要求的落实，部分在"电气设计说明"中进行说明，在图中表达需注意以下几个问题：

第一，卫生间照明灯具是接套内照明回路还是卫生间插座回路？

因《住宅建筑电气设计规范》JGJ 242—2011 与其余几本规范要求不统一或矛盾，通常做法按此规范第 9.4.4 条及条文解释要求，套内卫生间照明灯具接卫生间插座回路。

第二，灯具分类的形式及选择有何要求？

灯具的分类有多种形式，如可以按光源、灯具安装方式、灯具设计的支撑面材料、特殊场所使用环境、灯具的功能等进行分类，具体可参考《照明设计手册》（第三版）第三章"照明灯具"。灯具选择参见表 2-1、表 2-2。

住宅内全部采用安全型插座。

表 2-1 灯具选择			
场所	环境特点	对灯具选型的要求	适用场所
潮湿场所	相对湿度大，常有冷凝水出现，降低绝缘性能，容易产生漏电或短路，增加触电危险	(1) 采用防护等级为 IP44 或 IPX4 的防水型灯具 (2) 灯具的引入线处严格密封 (3) 采用带瓷质灯头的开启式灯具	浴室、蒸汽泵房

出自《照明设计手册》（第三版）第三章，北京：中国电力出版社，2017。

卫生间、开敞阳台、厨房等潮湿或多油烟场所采用防水防尘灯具，灯具防护等级一般为 IP44（第一个数字表示对固体异物进入的防护等级，4 表示防止直径不小于 1.0mm 的固体异物；第二个数字表示防止水进入的防护等级，4 表示防溅水。防护等级相关要求见现行国家标准《外壳防护等级（IP 代码）》GB/T 4208—2017。

表 2-2 灯具防触电保护分类		
灯具等级	灯具主要性能	应用说明
I 类	除基本绝缘外，在易触及的导电外壳上有接地措施，使之在基本绝缘失效时不致带电	除采用 II 类或 III 类灯具外的所有场所，用于各种金属外壳灯具，如投光灯、路灯、工厂灯、格栅灯、筒灯、射灯等

续表

灯具等级	灯具主要性能	应用说明
Ⅱ类	不仅依靠基本绝缘，而且具有附加安全措施，例如，双重绝缘或加强绝缘，没有保护接地或依赖安装条件的措施	人体经常接触，需要经常移动、容易跌倒或要求安全程度特别高的灯具

出自《照明设计手册》（第三版）第三章，北京：中国电力出版社，2017。

根据《建筑照明设计标准》GB 50034—2013 第 3.3.3 条要求：各场所严禁采用触电防护类别为 0 类的灯具。故灯具分类不再有 0 类灯具，住宅套内均为Ⅰ类灯具，均须配置保护接地导体（PE）。

第三，卫生间灯具及开关布置需注意什么问题？

根据《民用建筑电气设计标准》GB 51348—2019：

12.10.8 在装有浴盆或淋浴器的房间，1 区内开关设备、控制设备和附件安装应满足下列要求：

1. 按本标准第 12.10.5 条和第 12.10.6 条规定，允许在 0 区和 1 区采用用电设备的电源回路所用接线盒和附件；

2. 可装设标称电压不超过交流 25V 或直流 60V 的 SELV 或 PELV 作保护措施的回路的附件，其供电电源应设置在 0 区或 1 区以外。

浴室区域的划分见《民用建筑电气设计标准》GB 51348—2019 附录 C：

本标准第 12.10.2 条提出的区域划分是根据三个区域的尺寸规定的（图 c–1、图 c–2）。

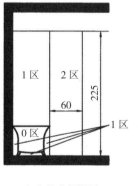

（a）浴盆侧视图

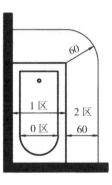

（b）浴盆俯视图

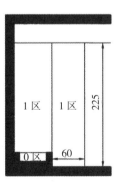

（c）淋浴盆侧视图

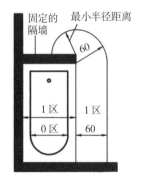

（d）淋浴盆俯视图（有固定隔墙和围绕隔墙的最小半径距离）

图 c–1 装有浴盆或淋浴盆场所各区域范围（cm）

注：所定尺寸已计入盆壁和固定隔墙的厚度。

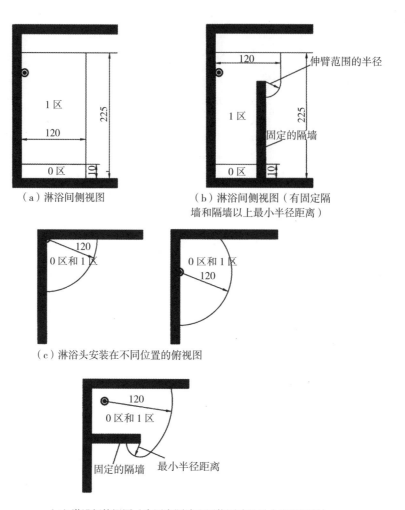

（a）淋浴间侧视图　　　　　　　　（b）淋浴间侧视图（有固定隔墙和隔墙以上最小半径距离）

（c）淋浴头安装在不同位置的俯视图

（d）淋浴间俯视图（有固定隔墙和围绕隔墙的最小半径距离）

图 c-2　无淋浴盆或淋浴器场所中各区域 0 区和 1 区的范围（cm）
注：所定尺寸已计入盆壁和固定隔墙的厚度。

0 区：指浴盆或淋浴盆的内部；对于没有浴盆的淋浴区，0 区的高度为 10cm。

1 区：由已固定的淋浴头或出水口的最高点对应的水平面或地面上方 225cm 的水平面中较高者与地面所限定区域；围绕浴盆或淋浴盆的周围垂直面所限定区域；对于没有浴盆或淋浴器，是从距离固定在墙壁或天花上的出水口中心点的 120cm 垂直面所限定区域。

2 区：由固定的淋浴头或出水口的最高点相对应的水平面或地面上方 225cm 的水平面中较高者与地面所限定区域；由 1 区边界线出的垂直面与相距该边界线 60cm 平行于该垂直面的界面两者之间所形成区域；对于没有浴盆或淋浴器，是没有 2 区的，但 1 区被扩大为距固定在墙上或天花上的出水口中心点的 120cm 垂直面。

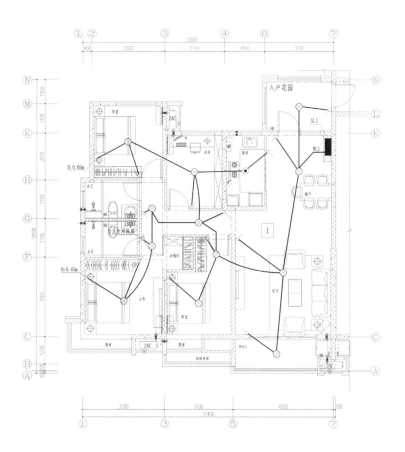

图 2-3　照明平面图

表 2-3C（图 2-3 附表）：图例表				
序号	符号	名称	型号与规格	安装方式及安装高度
1	■	照明配电箱 AL	见接线及电气平面图	住户内暗装，单排 H+1.8m，双排 H+1.6m
2	⊗	紧凑型荧光灯	—	吸顶
3	⊙	防水防尘紧凑型荧光灯	—	吸顶
4	⌀	暗装单联单控开关	10A，250V	暗装，H+1.3m
5	⌀	暗装双联单控开关	10A，250V	暗装，H+1.3m
6	⌀	暗装三联单控开关	10A，250V	暗装，H+1.3m
7	⌀	暗装单（双）联双控开关	10A，250V	暗装，H+1.3m（床头 0.65m）

三、完成照明平面图

布置完灯具和开关后，就可以连线，完成照明平面图，见图 2-3。需要注意以下几个问题：

第一，照明回路的配置应满足《建筑照明设计标准》GB 50034—2013 第 7.2.4 条。正常照明单相分支回路的电流不宜大于 16A，所接光源数或发光二极管灯具数不宜超过 25 个；当连接建筑装饰性组合灯具时，回路电流不宜大于 25A，光源数不宜超过 60 个；连接高强度气体放电灯的单相分支回路的电流不宜大于 25A。住宅套内照明一般为一个照明回路即可，面积较大户型可分为两个照明回路。

第二，翘板开关一般根据使用习惯布置在开门方向的侧墙上，安装高度距地 1.3m，距门边 0.15 ～ 0.20m，卧室床头开关安装高度建议 0.65m；潮湿场所或多尘场所，如卫生间、厨房开关设置在门外；照明回路一般不标注导线根数，可标注灯具对应的翘板开关编号，如 a、b……

第三，接入灯具的导线不应超过 4 路。

第五节　　插座平面图布置

一、国家规范相关设计要求

1.《住宅建筑电气设计规范》JGJ 242—2011。

8.1.2 每套住宅内同一面墙上的暗装电源插座和各类信息插座宜统一安装高度。

8.4.2 家居配电箱的供电回路应按下列规定配置：

　1. 每套住宅应设置不少于一个照明回路；

　2. 装有空调的住宅应设置不少于一个空调插座回路；

　3. 厨房应设置不少于一个电源插座回路；

　4. 装有电热水器等设备的卫生间，应设置不少于一个电源插座回路；

　5. 除厨房、卫生间外，其他功能房应设置至少一个电源插座回路，每一回路插座数量不宜超过 10 个（组）。

8.5.1 每套住宅电源插座的数量应根据套内面积和家用电器设置，且应符合表 8.5.1 的规定。

8.5.2 起居室（厅）、兼起居的卧室、卧室、书房、厨房和卫生间的单相两孔、三孔电源插座宜选用 10A 的电源插座。对于洗衣机、冰箱、排油烟机、排风机、空调器、电热水器等单台单相家用电器，应根据其额定功率选用单相三孔 10A 或 16A 的电源插座。

8.5.3 洗衣机、分体式空调、电热水器及厨房的电源插座宜选用带开关控制的电源插座，未封闭阳台及洗衣机应选用防护等级为 IP54 型电源插座。

8.5.4 新建住宅建筑的套内电源插座应暗装，起居室（厅）、卧室、书房的电源插座宜分别设置在不同的墙面上。分体式空调、排油烟机、排风机、电热水器电源插座底边距地不宜低于 1.8m；厨房电炊具、洗衣机电源插座底边距地宜为 1.0 ～ 1.3m；柜式空调、冰箱及一般电源插座底边距地宜为 0.3 ～ 0.5m。

序号	名称	设置要求	数量
	表 8.5.1 电源插座的设置要求及数量		
1	起居室（厅）、兼起居的卧室	单相两孔、三孔电源插座	≥ 3
2	卧室、书房	单相两孔、三孔电源插座	≥ 2
3	厨房	IP54 型单相两孔、三孔电源插座	≥ 2
4	卫生间	IP54 型单相两孔、三孔电源插座	≥ 1
5	洗衣机、冰箱、排油烟机、排风机、空调器、电热水器	单相三孔电源插座	≥ 1

注：表中序号 1 ～ 4 设置的电源插座数量不包括序号 5 专用设备所需设置的电源插座数量。

　　毛坯交付小业主二次装修，建议插座底边距地 0.3 ～ 0.5m。

8.5.5 住宅建筑所有电源插座底边距地 1.8m 及以下时，应选用带安全门的产品。

8.5.6 对于装有淋浴或浴盆的卫生间，电热水器电源插座底边距地不宜低于 2.3m，排风机及其他电源插座宜安装在 3 区。

11.7.3 距家居配线箱水平 0.15 ～ 0.20m 处应预留 AC 220V 电源接线盒，接线盒面板底边宜与家居配线箱面板底边平行，接线盒与家居配线箱之间应预埋金属导管。

　　2.《住宅设计规范》GB 50096—2011

8.7.4 套内安装在 1.8m 及以下的插座均应采用安全型插座。

　　3.《住宅建筑规范》GB50368—2005

8.5.5 住宅套内的电源插座与照明，应分路配电。安装在 1.8m 及以下的插座均应采用安全型插座。

二、需要注意的问题

　　规范要求的落实，部分在"电气设计说明"或图例表中表示，在图中表达需要注意以下几个问题：

第一，住宅套内插座的数量及高度要求如何确定？

　　插座数量按表 8.5.1 要求配置，不要遗漏家居配线箱用插座或电源接线盒。插座的型号规格及安

59

装高度在图例表中表示。

第二，插座回路的划分有何要求？

插座回路一般按柜式空调、壁挂空调（≤2台一回路）、厨房插座回路、卫生间插座回路、其余客厅卧室等普通插座回路划分，见图2-4插座平面图及附表。

第三，规范中要求洗衣机、厨房内的插座采用IP54型，此处应为规范的笔误，实际设计中上述区域采用防溅型插座即可。

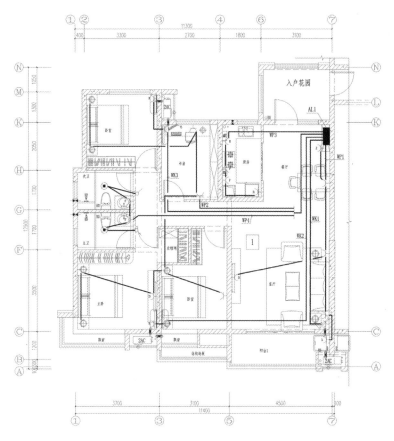

图2-4　插座平面图

序号	符号	名称	型号与规格	安装方式及安装高度
\multicolumn{5}{c}{表2-4（图2-4附表）：图例表}				
1	⅄	单相二、三极安全型插座	10A，250V	暗装，卧室床头侧 H+0.65m，大堂H+0.5m，其余0.3m
2	⅄	单相三极洗衣机用安全型插座，防溅型	10A，250V	暗装，H+1.3m

序号	符号	名称	型号与规格	安装方式及安装高度
3	$\overset{P}{\curlyvee}$	单相三极油烟机用插座，防溅型	10A，250V	暗装，H+2.0m
4	$\overset{F}{\curlyvee}$	单相二、三极安全型插座，防溅型	10A，250V	厨房、卫生间暗装，H+1.3m
5	$\overset{B}{\curlyvee}$	单相三极冰箱安全型插座，防溅型	10A，250V	暗装，厨房 H+1.3m，餐厅 H+0.3m
6	$\overset{R}{\curlyvee}$	单相三极燃气热水器插座	10A，250V	暗装，H+1.6m，有洗衣机时在洗衣机插座正上方布置
7	$\overset{Z}{\curlyvee}$	单相二、三极安全型插座	10A，250V	家居配线箱内安装 ≥ 100W
8	$\overset{K}{\curlyvee}$	单相三极壁挂空调插座	16A，250V	暗装，H+2.0m
9	$\overset{G}{\curlyvee}$	单相三极安全型柜式空调插座	16A，250V	暗装，H+0.3m
10	$\overset{D}{\curlyvee}$	单相二、三极安全型电视机插座	10A，250V	暗装，客厅、卧室 H+0.6m
11	$\curlyvee\!\!\curlyvee$	插座并列安装	—	中间不留空隙，其他设备同
12	$\overset{\curlyvee}{\curlyvee}$	插座上下对直安装	—	安装高度见标注
13	LEB	局部等电位接地端子箱	—	底边距地 0.3m

第六节　家居配电箱系统图

一、每套住宅用电设备安装容量的确定

第一种方式：根据当地电网公司相关设计文件要求确定，如下表为某地电网公司的规定。居民用电户容量按表 2-5 原则确定：

户住宅用电容量 ≤ 8kW 时，采用 220V 供电；户住宅用电容量 10kW 时，宜采用 220V 供电；户住宅用电容量 ≥ 12kW 时，应采用 380V 供电。

第二种方式：如当地无明确规定，则参考《住宅建筑电气设计规范》JGJ 242—2011，并根据当地气候特点，结合当地的通常做法确定。

表 2-5　居民用电容量

居民用户类型	用电功率
户建筑面积 120m² 及以下	8kW/ 户
户建筑面积 120 ～ 150m²	10kW/ 户
户建筑面积 150m² 以上	80W/m²

3.3.1 每套住宅的用电负荷和电能表的选择不宜低于表 3.3.1 的规定

表 3.3.1　每套住宅用电负荷和电能表的选择

套型	建筑面积 S（㎡）	用电负荷（kW）	电能表（单相）（A）
A	$S \leqslant 60$	3	5（20）
B	$60 < S \leqslant 90$	4	10（40）
C	$90 < S \leqslant 150$	6	10（40）

3.3.2 当每套住宅建筑面积大于 150m² 时，超出的建筑面积可按 40 ～ 50W ／ m² 计算用电负荷。

3.3.3 每套住宅用电负荷不超过 12kW 时，应采用单相电源进户，每套住宅应至少配置一块单相电能表。

3.3.4 每套住宅用电负荷超过 12kW 时，宜采用三相电源进户，电能表应能按相序计量。

二、相关规范的要求

《住宅建筑电气设计规范》JGJ 242—2011

8.4.3 家居配电箱应装设同时断开相线和中性线的电源进线开关电器，供电回路应装设短路和过负荷保护电器，连接手持式及移动式家用电器的电源插座回路应装设剩余电流动作保护器。

8.4.4 柜式空调的电源插座回路应装设剩余电流动作保护器，分体式空调的电源插座回路宜装设剩余电流动作保护器。

《住宅设计规范》GB 50096—2011

8.7.2 住宅供电系统的设计，应符合下列规定：

　　1. 应采用 TT、TN—C—S 或 TN—S 接地方式，并应进行总等电位联结；

　　2. 电气线路应采用符合安全和防火要求的敷设方式配线，套内的电气管线应采用穿管暗敷设方式配线。导线应采用铜芯绝缘线，每套住宅进户线截面不应小于10mm²，分支回路截面不应小于2.5mm²；

3. 套内的空调电源插座、一般电源插座与照明应分路设计，厨房插座应设置独立回路，卫生间插座宜设置独立回路；

4. 除壁挂式分体空调电源插座外，电源插座回路应设置剩余电流保护装置。

三、主断路器整定值和入户导体规格型号

根据住宅用电设备安装容量确定主断路器整定值和选择入户导体型号规格。主断路器整定值和入户导体型号规格总结如表2—6，可供设计参考。

表2-6 住宅户内配电箱选型配合表				
安装容量	需要系数	计算电流	断路器整定值	导体和导管配置
6kW	1	30.3A	40A/2P	WDZ-BYJ-3×10-PC32-CC.WC
8kW	1	40.4A	50A/2P	WDZ-BYJ -3×16-PC32-CC.WC
10kW	1	50.5A	63A/2P	WDZ-BYJ -2×25+1×16-PC40-CC.WC
12kW	1	20.3A	32A/4P	WDZ-BYJ -5×10-PC32-CC.WC

需要注意以下四点：

第一，导体选择须满足 $I_B \leq I_n \leq I_z$（GB50054：6.3.3）。

第二，导体载流量按《低压电气装置 第5-52部分：电气设备的选择和安装 布线系统》GB/T 16895.6—2014/IEC 60364-5-52：2009附录B选择（GB50054：3.2.4）。

第三，导管规格的选择根据《建筑电气常用数据》19DX101-1：表6.35。

第四，导体截面仅按载流量要求进行选择，未考虑电压降及采用断路器做故障防护时要求的灵敏度等问题。

四、家居配电箱示意

见图2-5。

第一，主开关应采用能同时断开相线和中性线的断路器，即2P或4P，同时应装设自恢复式过、欠压保护电器。

第二，除照明回路和壁挂空调回路宜装设剩余电流动作保护器（RCD）外，其余回路应装设RCD保护，且必须配置保护接地导体（PE）。

第三，16A断路器回路对应2.5mm²电线，20A断路器回路对应4.0mm²电线。

部分省市地方标准要求一条回路插座数不超过10个，设计时应注意项目所在地地方标准的规定。

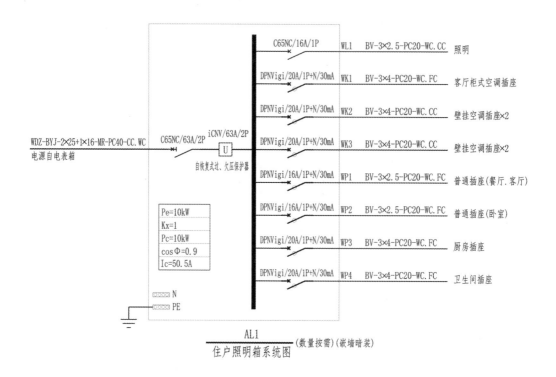

图 2-5　住户照明箱系统图

五、家居配电箱安装位置要求

《住宅建筑电气设计规范》JGJ 242—2011

8.4.1　每套住宅应设置不少于一个家居配电箱，家居配电箱宜暗装在套内走廊、门厅或起居室等便于维修维护处，箱底距地高度不应低于1.6m。

家居配电箱底距地不低于1.6m是为了检修、维护方便。家居配电箱因为出线回路多，又增加了自恢复式过、欠电压保护电器，单排箱体可能满足不了使用要求。如果改成双排，家居配电箱底距地1.8m，位置偏高不好操作。建议单排家居配电箱暗装时箱底距地宜为1.8m，双排家居配电箱暗装时箱底距地宜为1.6m；家居配电箱明装时箱底距地应为1.8m。

11.7.2　家居配线箱宜暗装在套内走廊、门厅或起居室等便于维修维护处，箱底距地高度宜为0.5m。

家居配线箱不宜与家居配电箱上下垂直安装在一个墙面上，避免竖向强、弱电管线多、集中、交叉。家居配线箱可与可视对讲户内机上下垂直安装在一个墙面上。

六、套内等电位联结

《住宅建筑电气设计规范》JGJ 242—2011

10.2.1 住宅建筑应做总等电位联结，装有淋浴或浴盆的卫生间应做局部等电位联结。

10.2.2 局部等电位联结应包括卫生间内金属给水排水管、金属浴盆、金属洗脸盆、金属采暖管、金属散热器、卫生间电源插座的 PE 线以及建筑物钢筋网。

10.2.3 等电位联结线的截面应符合表 10.2.3 的规定。

表10.2.3 等电位联结线截面要求			
	总等电位联结线截面	局部等电位联结线截面	
最小值	$6mm^2$[①]	有机械保护时	$2.5mm^2$[①]
		无机械保护时	$4mm^2$[①]
	$50mm^2$[③]	$16mm^2$[③]	
一般值	不小于最大 PE 线截面的 1/2		
最大值	$25mm^2$[②]		
	$100mm^2$[③]		

注：①为铜材质，可选用裸铜线、绝缘铜芯线。
②为铜材质，可选用铜导体、裸铜线、绝缘铜芯线。
③为钢材质，可选用热镀锌扁钢或热镀锌圆钢。

即将发布的新版《低压配电设计标准》将会与 IEC 标准统一，将"总等电位联结"改为"保护等电位联结"。"局部等电位联结"和"辅助等电位联结"统一为"辅助等电位联结"。

卫生间局部等电位连接端子箱（LEB）一般设置在洗脸盆下 0.3m，卫生间等电位联结做法一般在设计总说明中说明，按《等电位联结安装》15D502 第 18 页要求施工。

了解了以上知识点后，对住宅套内强电设计应该有了一个清晰的认知，基本能独立完成套内设计。

第三章 | 住宅干线设计

住户供电系统主要包含公用变配电系统、住户干线、住户总照明配电箱、电表箱、户内配电箱等，它与建筑物内住户业主的使用直接相关，必须做到安全、可靠、经济、合理。近年来，除户内配电箱外，系统中其余部分的设计均纳入当地电业局或其指定机构完成，设计时仅考虑相关的土建条件及接口。但为使初学者完整、清晰地理解本系统的画法、规范要求、技术要点等，本章重点介绍住户干线、住户总配电箱、电表箱的电气设计。

第一节　设计必备

需要掌握和了解的主要设计规范、标准及行业标准、设计手册如下：

1.《住宅建筑电气设计规范》JGJ 242—2011

2.《建筑设计防火规范》GB 50016—2014（2018 年版）

3.《民用建筑电气设计标准》GB 51348—2019

4.《住宅建筑规范》GB 50368—2005

5.《低压配电设计规范》GB 50054—2011

6.《供配电系统设计规范》GB 50052—2009

7.《电力装置电测量仪表装置设计规范》GB/T 50063—2017

8.《建筑物防雷设计规范》GB 50057—2010

9.《工业与民用供配电设计手册》（第四版）

10.《建筑电气常用数据》19DX101-1

11.《全国民用建筑工程设计技术措施》2009

标粗字体的规范为重点规范及图集，与规范或标准相关的条文将在后续内容中进行详细说明。

第二节　住户干线供电方案设计

一、确定负荷分级

见本书第一章第四节《住宅建筑电气设计规范》JGJ 242—2011 中的相关内容。

民用建筑的分类详见《建筑设计防火规范》GB 50016—2014（2018 年版）中的表 5.1.1。从《住宅建筑电气设计规范》JGJ 242—2011 的表 3.2.1 中可以同时确定高层住宅建筑的住户照明负荷分级。该表与《民用建筑电气设计标准》GB 51348—2019 的附录 A（民用建筑中各类建筑物的主要用电负荷分级）中关于住户照明的用电负荷分级是一致的，均确定为三级负荷。

二、供电方案选择

《民用建筑电气设计标准》GB 51348—2019

7.2.2 高层民用建筑的低压配电系统应符合下列规定：

1. 照明、电力、消防及其他防灾用电负荷应分别自成系统。

2. 用电负荷或重要用电负荷容量较大时，宜从变电所以放射式配电。

3. 高层民用建筑的垂直供电干线，可根据负荷重要程度、负荷大小及分布情况，采用下列方式供电：

1）高层公共建筑配电箱的设置和配电回路应根据负荷性质按防火分区划分；

2）400A 及以上宜采用封闭式母线槽供电的树干式配电；

3）400A 以下可采用电缆干线以放射式或树干式配电；当为树干式配电时，宜采用预制分支电缆或 T 接箱等方式引至各配电箱；

4）可采用分区树干式配电。

近年来，大部分城市电业局要求住户供电部分，从电表箱（含）至公共变电房（含高低压）所有的电气部分设计、施工均由电业局相关单位完成，因此，现住宅设计图纸中该部分电气设计仅供参考，但其土建房间、敷设路由、安装位置均应在设计时考虑到位。为使初学者全面掌握住户干线系统设计，以下将分总箱放射式供电方案、表箱集中布置方案、预分支电缆干线供电方案、母线槽供电方案四种方案讲解，见图 3-1、图 3-2。

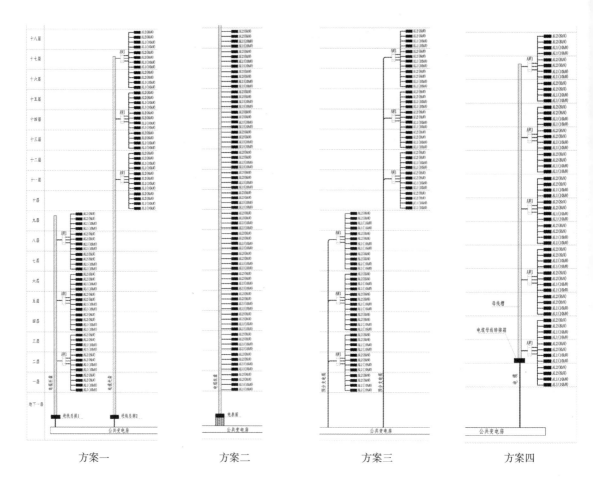

图 3-1　供电方案选择

方案一：总箱放射式供电方案（推荐方案）

从公变房低压柜引来多根主电缆（3～4根），地下室配电小间内设置住户总照明配电箱（3～4个），再由住户总配电箱放射至各电表箱，电表箱一般每三层设置一个。

方案二：电表箱集中布置方案

一些城市电业局要求电表箱集中布置在架空层或地下室电表间内，此方案从公变房引主电缆至设在地下室或架空层设置的专用电表间内的电表箱，一般设置多个电表箱，每个电表箱供5～6个楼层，至户内配电箱采用BYJ导线或YJY电缆。

方案三：预分支电缆干线供电方案

从公变房低压柜引来预分支主干电缆，分支电缆分别引至电表箱进行供电（分支点至表箱一般不超过3m），电表箱进线开关采用带隔离功能的断路器，箱内设置电气火灾监控器。

方案四：母线槽供电方案

从公变房低压柜引来主电缆（多拼），在合适位置设置电缆母线转接箱，通过插接开关分支出电缆向各电表箱进行供电，电表箱进线开关采用带隔离功能的断路器，箱内设置电气火灾监控器。

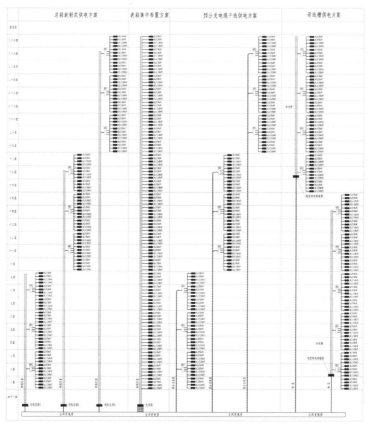

图 3-2 住户干线系统设计

对于住户干线供电方案，各个城市的规定不一，目前主流的住户干线供电系统采用方案一，以下小节均按此方案进行讲解。

第三节 配电箱系统设计

一、电表箱系统设计

第一步，在完成户内平面布置图、家居配电箱系统图后，可进行电表箱系统图设计。以下结合电表箱出线回路（馈电部分）图进行讲解（以 WL1 回路为例），见图 3-3。

步骤 1：选择开关

根据户内配电箱确定的负荷，算出计算电流 50.5A，则选择额定电流值为 63A 的微断（MCB）。

步骤 2：选择电缆型号

根据《住宅建筑电气设计规范》JGJ 242—2011 中 6.4 节的规定，在电表集中设置的情况下，至家居配电箱的线缆有一段在电井内明敷，则本设计至家居配电箱出线端采用低烟、低毒阻燃类线缆。

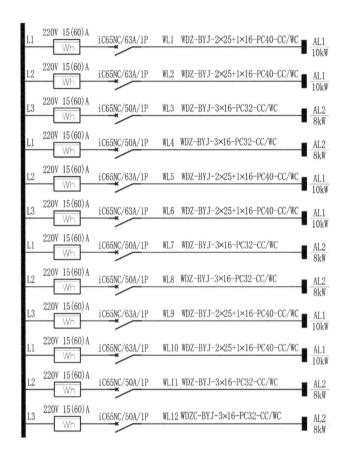

图 3-3　电表箱出线回路图

《住宅建筑电气设计规范》JGJ 242—2011

6.4 导体及线缆选择

6.4.1 住宅建筑套内的电源线应选用铜材质导体。

6.4.3 高层住宅建筑中明敷的线缆应选用低烟、低毒的阻燃类线缆。

步骤 3：选择电缆线径

结合微断的额定电流值，根据《建筑电气常用数据》19DX101-1 表 6.8 可知，选择 2×25+1×16 电线即可。

步骤 4：选择电度计量表

WL1 回路的计算电流为 50.5A，根据以下规范条文，可将电能表直接接入回路，且其标定电流应为 53A×30%=15A，按规范可选 15(60)A。目前多采取智能电表，智能电表一般为 12 倍率表，则可选 5(60)A。

《电力装置电测量仪表装置设计规范》GB/T 50063—2017

4.1.8 为提高低负荷计量的准确性，应选用过载 4 倍及以上的电能表。经电流互感器接入的电能表，标定电流不宜超过电流互感器额定二次电流的 30%（对 S 级的电流互感器为 20%），额定最大电流宜为额定二次电流的120%。直接接入式电能表的标定电流应按正常运行负荷电流的30%选择。

4.1.12 低压供电，计算负荷电流为60A及以下时，宜采用直接接入式电能表；计算负荷电流为60A以上时，宜采用经电流互感器接入式的接线方式。选用直接接入式的电能表其额定最大电流不宜超过80A。

第二步，在完成电表箱出线回路设计后，则可进行电表箱总负荷计算，进行开关选择、进线电缆选择，见图3-4。

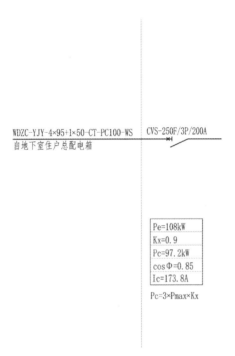

图3-4 开关选择、进线电缆选择

步骤1：计算电流

根据系统图可知，安装容量Pe=108kW，户数为12，Kx值根据《建筑电气常用数据》19DX101-1表3.35可知，Kx应为0.90。根据《全国民用建筑工程设计技术措施2009-电气》第9页，式2.6.2-6[1]，则计算电流Ic=173.8A。

步骤2：选择开关

结合计算电流Ic，可选整定值为200A的断路器，根据以下规范可选带隔离功能的断路器、本级开关与住户总配电箱馈出开关可不具有选择性。

《住宅建筑电气设计规范》JGJ 242—2011

_____

1. 指公式编号。

6.2.2 住宅建筑每个单元或楼层宜设一个带隔离功能的开关电器，且该开关电器可独立设置，也可设置在电能表箱里。

《民用建筑电气设计标准》GB 51348—2019

7.5.1 低压电器的选择应符合下列规定：

1. 选用的电器应符合下列规定：

1) 电器的额定电压、额定频率应与所在回路标称电压及标称频率相适应；

2) 电器的额定电流不应小于所在回路的计算电流；

3) 电器应适应所在场所的环境条件；

4) 电器应满足短路条件下的动稳定与热稳定的要求。用于断开短路电流的电器，应满足短路条件下的通断能力。

2. 当维护测试和检修设备需断开电源时，应设置隔离电器。隔离电器应具有将电气装置从供电电源绝对隔开的功能，并应采取措施，防止任何设备无意地通电。

3. 隔离电器可采用下列器件：

1) 多极、单极隔离开关或隔离器；

2) 插头和插座；

3) 熔断器；

4) 连接片；

5) 不需要拆除导线的特殊端子；

6) 具有隔离功能的断路器。

7.6.1 低压配电线路的保护应符合下列规定：

1. 低压配电线路应根据不同故障类别和具体工程要求装设短路保护、过负荷保护、接地故障保护、过电压及欠电压保护，作用于切断供电电源或发出报警信号；

2. 配电线路采用的上下级保护电器，其动作应具有选择性，各级之间应能协调配合；对于非重要负荷的保护电器，可采用无选择性切断。

注1：因本电表箱上级有住宅照明总箱，且为放射式供电，电表箱进线开关可选用隔离开关。

第三步，在完成进出线开关、电缆设计后，则可确定进线电表箱位数、尺寸、安装高度及方式、电表箱名称及台数等，见图3-5。

步骤1：确定箱体尺寸及安装高度

根据出线回路数，选择相应的电表箱箱体尺寸（各地电力局均有标准箱体尺寸），关于电表箱的安装高度按以下规范设计。

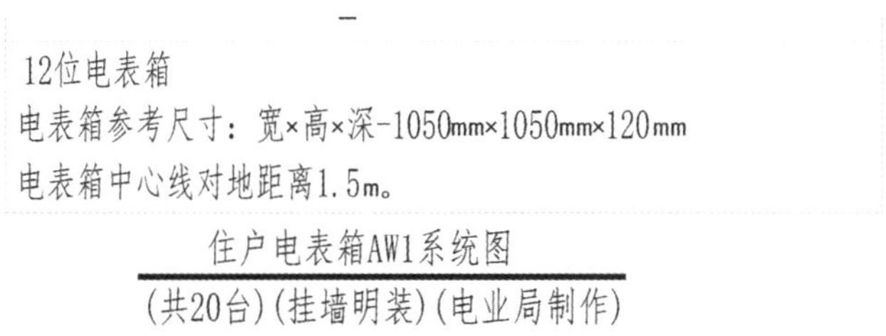

```
                              —
    12位电表箱
    电表箱参考尺寸：宽×高×深-1050mm×1050mm×120mm
    电表箱中心线对地距离1.5m。
           住户电表箱AW1系统图
    (共20台)(挂墙明装)(电业局制作)
```

图 3-5 电表箱系统图

《住宅建筑电气设计规范》JGJ 242—2011

3.3.6 电能表的安装位置除应符合下列规定外，还应符合当地供电部门的规定：

1. 电能表宜安装在住宅套外；

2. 对于低层住宅和多层住宅，电能表宜按住宅单元集中安装；

3. 对于中高层住宅和高层住宅，电能表宜按楼层集中安装；

4. 电能表箱安装在公共场所时，暗装箱底距地宜为 1.5m，明装箱底距地宜为 1.8m；安装在电气竖井内的电能表箱宜明装，箱的上沿距地不宜高于 2.0m。

步骤 2：标注相关信息

注明箱体名称、本箱体数量以及安装位置、方式。若按照当地规定，电表箱由本地电业局设计施工时，应特别注明。

关于电表箱的安装位置，各城市都有规定，如有些城市要求集中布置在地下室或架空层，有些城市要求不得布置在电井内等。在设计中应特别注意查阅当地电业局出具的相关导则、规定、文件的要求。

经过以上步骤，可完成电表箱系统设计，住户电表箱系统图见图 3-6。

二、住宅总照明配电箱系统设计

第一步，在确定住户干线供电方案、完成各电表箱系统设计后，可进行住宅总配电箱系统设计，以下结合电表箱出线回路（馈电部分）图进行讲解（以 WL1 回路为例），见图 3-7。

步骤 1：选择开关

根据电表箱的进线开关，选择本箱体的出线开关。根据《民用建筑电气设计标准》GB 51348—2019 中的 7.6.1 条，上下级开关可不具有选择性，本箱体出线开关可与电表箱进线开关一致，选用塑壳 250/3P/200A 断路器。

《民用建筑电气设计标准》GB 51348—2019

7.6.1 低压配电线路的保护应符合下列规定：

1. 低压配电线路应根据不同故障类别和具体工程要求装设短路保护、过负荷保护、接地故障保护、

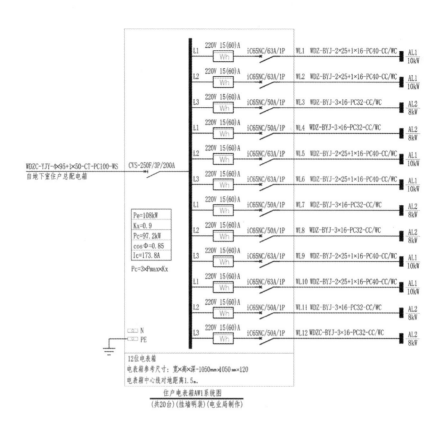

图 3-6　住户电表箱系统图

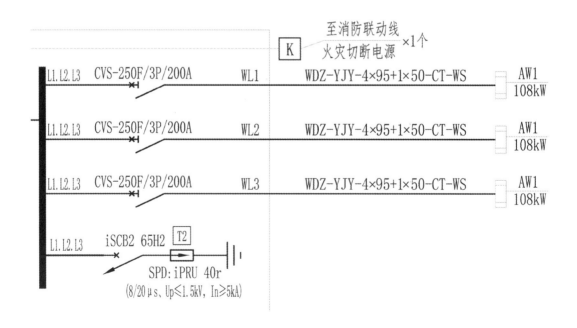

图 3-7　住户总照明配电箱出线回路

过电压及欠电压保护，作用于切断供电电源或发出报警信号；

2.配电线路采用的上下级保护电器，其动作应具有选择性，各级之间应能协调配合；对于非重要负荷的保护电器，可采用无选择性切断。

步骤 2：选择电缆型号

根据《住宅建筑电气设计规范》JGJ 242—2011 中 6.4 条，一类高层建筑应选用"阻燃低烟电缆或电线"，阻燃级别按照《建筑电气常用数据》19DX101-1 选用 C 级。

《住宅建筑电气设计规范》JGJ 242—2011

6.4 导体及线缆选择

6.4.1 住宅建筑套内的电源线应选用铜材质导体。

6.4.3 高层住宅建筑中明敷的线缆应选用低烟、低毒的阻燃类线缆。

步骤 3：选择电缆线径

结合断路器的整定电流值，根据《建筑电气常用数据》19DX101-1 表 6.11，选环境温度 40℃、导体工作温度 90℃，查表选择 WDZ-YJY-4×95+1×50-CT-WS。

步骤 4：选择电涌保护器

根据《建筑物防雷设计规范》GB 50057—2010 中 4.3.8 条，选择 Ⅱ 类实验的电涌保护器。

《建筑物防雷设计规范》GB 50057—2010

6.4.5 电涌保护器安装位置和放电电流的选择，应符合下列规定：

1.户外线路进入建筑物处，即 LPZOA 或 LPZOB 进入 LPZ1 区，所安装的电涌保护器应按本规范第 4 章的规定确定。

2.靠近需要保护的设备处，即 LPZ2 区和更高区的界面处，当需要安装电涌保护器时，对电气系统宜选用 Ⅱ 级或 Ⅲ 级试验的电涌保护器，对电子系统宜按具体情况确定，并应符合本规范附录 J 的规定，技术参数应按制造商提供的、在能量上与本条第 1 款所确定的配合好的电涌保护器选用，并应包含多组电涌保护器之间的最小距离要求。

第二步，完成总照明配电箱出线回路设计后，则可进行箱体总负荷计算，进行开关选择、进线电缆选择，见图 3-8。

步骤 1：计算电流

根据系统图可知，安装容量 Pe=324kW，户数为 36，Kx 值根据《建筑电气常用数据》19DX101-1 表 3.25 可知应为 0.5。根据《全国民用建筑工程设计技术措施 2009- 电气》第 9 页，式 2.6.2-6，则计算电流 Ic=289.3A。

步骤 2：选择开关

结合计算电流 Ic，可选整定值为 320A 的断路器，根据以下规范可选带隔离功能的断路器，带分励脱扣器供消防切非。

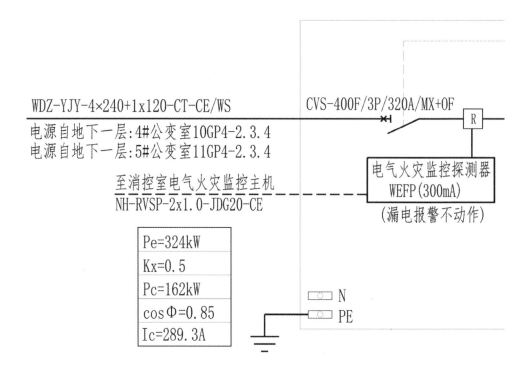

图 3-8　住宅总照明配电箱进线开关选择、进线电缆选择

《住宅建筑电气设计规范》JGJ 242—2011

6.2.2 住宅建筑每个单元或楼层宜设一个带隔离功能的开关电器，且该开关电器可独立设置，也可设置在电能表箱里。

《民用建筑电气设计标准》GB 51348—2019

7.5.1 低压电器的选择应符合下列规定：

　　1. 选用的电器应符合下列规定：

　　1）电器的额定电压、额定频率应与所在回路标称电压及标称频率相适应；

　　2）电器的额定电流不应小于所在回路的计算电流；

　　3）电器应适应所在场所的环境条件；

　　4）电器应满足短路条件下的动稳定与热稳定的要求。用于断开短路电流的电器，应满足短路条件下的通断能力。

　　2. 当维护测试和检修设备需断开电源时，应设置隔离电器。隔离电器应具有将电气装置从供电电源绝对隔开的功能，并应采取措施，防止任何设备无意地通电。

3. 隔离电器可采用下列器件：

1）多极、单极隔离开关或隔离器；

2）插头和插座；

3）熔断器；

4）连接片；

5）不需要拆除导线的特殊端子；

6）具有隔离功能的断路器。

13.4.8 非消防电源及电梯的联动控制应符合下列规定：

2. 火灾发生后，除超高层建筑中参与疏散人员的电梯外，其他客梯应依次停于首层或电梯转换层，并切断电源。

步骤 3：选择剩余电流动作报警器

依据《民用建筑电气设计规范》GB 51348—2019 中的 7.6.7 条和《住宅建筑电气设计规范》JGJ 242—2011 中的 6.3.1 条，住宅干线应设剩余电流动作报警器。根据《全国民用建筑工程设计技术措施 2009—电气》第 95 页，本建筑为住宅，其电器泄漏电流值较小，本设计取 300mA。

《住宅建筑电气设计规范》JGJ 242—2011

6.3.1 当住宅建筑设有防电气火灾剩余电流动作报警装置时，报警声光信号除应在配电柜上设置外，还宜将报警声光信号送至有人值守的值班室。

根据《全国民用建筑工程设计技术措施》2009 第 95 页，表 5.5.6-2，一般室内正常环境下，末端线路剩余电流保护器的动作电流值不大于 30mA，上一级宜不大于 300mA，配电干线不大于 500mA，配电线路和用电设备的泄漏电流估算值见下表。

表 11.7-15　常用电器的泄漏电流参考值

设备名称	泄漏电流（mA）
计算机	1～2
打印机	0.5～1
小型移动式电器	0.5～0.75
电传复印机	0.5～1
复印机	0.5～1.5
滤波器	1

续表

设备名称	泄漏电流（mA）
荧光灯安装在金属构件上	0.1
荧光灯安装在非金属构件上	0.02

注：计算不同电器总泄漏电流需按 0.7/0.8 的因数修正。

表 11.7-16　220V/380V 单相及三相线路穿管敷设电线泄漏电流参考值　单位：mA/km

绝缘材质	导线截面积（mm^2）												
	4	6	10	16	25	35	50	70	95	120	150	185	240
聚氯乙烯	52	52	56	62	70	70	79	89	99	109	112	116	127
橡皮	27	32	39	40	45	49	49	55	55	60	60	60	61
聚乙烯	17	20	25	26	29	33	33	33	33	38	38	38	39

步骤 4：选择电缆型号及线径

电缆型号可根据前述步骤选择。结合本级断路器 320A 整定电流值，本开关与上级开关根据前述规范条文可不具有选择性。根据《建筑电气常用数据》19DX101-1 表 6.11，选环境温度 40℃、导体工作温度 90℃，查表选择 WDZC-YJY-4×240+1×120-CT-PC125-CE/WS。

经过以上步骤，将配电箱编号、安装方式及位置、台数等进行标注后，则可完成总照明配电箱系统设计，见图 3-9。

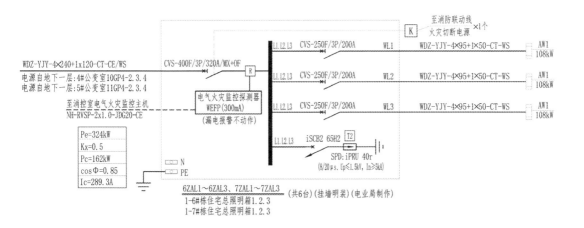

图 3-9 住宅总照明配电箱系统图

经过以上各步骤的分析与设计，即完成了住户干线、住户总照明配电箱、电表箱的电气设计。本章内容主要涉及箱体负荷计算、断路器的选择、线缆选择以及电涌保护器选择等内容，整体来讲，确定好住户干线供电方案后，其余设计内容并不复杂。近年来，一些城市将该部分划为当地电业局设计施工，但公变房空间、井道空间、电表箱安装位置等均需电气设计师根据工程实际进行提资或预留，所以，对于初学者来说，本章内容必须熟练掌握，且住宅是整个电气设计最基础的设计内容，掌握好住宅电气设计可以为其他类型建筑的相关设计打下坚实的基础。

第四章 ｜ 住宅电梯机房电气设计

电梯属于特种设备，是住宅建筑中最常见的动力设备之一，是为建筑物内各楼层服务，其轿厢在刚性轨道运动的永久运输设备。电梯有很多种分类方式，按用途可分为乘客电梯、载货电梯、医用电梯、建筑施工电梯等，符合消防电梯要求的客梯或货梯可兼作消防电梯；按驱动方式可分为交流电梯、直流电梯等；按速度可分为低速梯、中速梯、高速梯和超高速梯等；按机房位置可分为有机房电梯和无机房电梯，无机房电梯即取消了电梯机房，电梯主机和控制柜等均安装在电梯井道内的电梯。目前，高层住宅建筑都采用交流变压变频调速电梯（即 VVVF 电梯），在屋顶设电梯机房用以安装电梯曳引系统、控制系统等。本章详细介绍一类高层住宅电梯机房的电气设计。

设计思路：第一，熟悉和掌握相关规范的条文内容；第二，接受条件和准备图纸，进行电气平面设计；第三，电梯配电系统的设计和负荷计算；第四，双切开关和进线的选取；第五，总结。

第一节　设计必备

需要掌握和了解的主要设计规范、标准及行业标准、设计手册：

1.《住宅建筑电气设计规范》JGJ 242—2011

2.《建筑设计防火规范》GB 50016—2014（2018 年版）

3.《民用建筑电气设计标准》GB 51348—2019

4.《住宅建筑规范》GB 50368—2005

5.《低压配电设计规范》GB 50054—2011

6.《供配电系统设计规范》GB 50052—2009

7.《通用用电设备配电设计规范》GB 50055—2011

8.《建筑照明设计标准》GB 50034—2013

9.《电力工程电缆设计标准》GB 50217—2018

10.《建筑物防雷设计规范》GB 50057—2010

11.《交流电气装置的接地设计规范》GB/T 50065—2011

12.《低压电气装置 》GB/T 16895 系列

13.《电梯制造与安装安全规范》GB 7588—2003

14.《工业与民用供配电设计手册》（第四版）

15.《建筑电气常用数据》19DX101-1

16.《等电位联结安装》15D502

17.《民用建筑电气计算及示例》12SDX101-2

18.《建筑电气制图标准图示》12DX011

标粗字体的规范为重点规范，与电梯相关的规范条文将在后续内容中进行详细说明。电梯还有一些系列的相关产品标准，本文不再列举。

第二节　重要规范内容提要及解读

一、《住宅建筑电气设计规范》JGJ 242—2011 的相关条文

8.2 电梯

8.2.1 住宅建筑电梯的负荷分级应符合本规范第 3.2 节的规定。

8.2.2 高层住宅建筑的消防电梯应由专用回路供电，高层住宅建筑的客梯宜由专用回路供电。

8.2.3 电梯机房内应至少设置一组单相两孔、三孔电源插座，并宜设置检修电源。

8.2.4 当电梯机房的自然通风不能满足电梯正常工作时，应采取机械通风或空调的方式。

8.2.5 电梯井道照明宜由电梯机房照明配电箱供电。

8.2.6 电梯井道照明供电电压宜为 36V。当采用 AC 220V 时，应装设剩余电流动作保护器，光源应加防护罩。

8.2.7 电梯底坑应设置一个防护等级不低于 IP54 的单相三孔电源插座，电源插座的电源可就近引接，电源插座的底边距底坑宜为 1.5m。

8.2 节的内容需要详细理解并掌握，并能应用到后面的设计中。本节内容可与《民用建筑电气设计标准》GB 51348—2019 中 9.3 节内容结合来看。8.2.7 条说电梯底坑电源插座可就近引接，因此可接首层大堂插座回路，而不用从机房配电箱引来，节约了管线。

3.2.1 住宅建筑中主要用电负荷的分级应符合表 3.2.1 的规定，其他未列入表 3.2.1 中的住宅建筑用电负荷的等级宜为三级。[1]

---

1. 表格见本书第一章第四节。

　　高层住宅电梯的用电负荷等级由该栋建筑物的分类确定（民用建筑的分类详见《建筑设计防火规范》的表 5.1.1）。根据《住宅建筑电气设计规范》JGJ 242—2011 中的表 3.2.1 可以同时确定高层住宅建筑的消防电梯和客梯的用电负荷等级。该表与《民用建筑电气设计标准》GB 51348—2019 的附录 A（民用建筑中各类建筑物的主要用电负荷分级）中关于客梯的用电负荷等级，以及与《建筑设计防火规范》 GB 50016—2014（2018 年版）中关于消防电梯的用电负荷等级划分均是一致的。

二、《建筑设计防火规范》GB 50016—2014（2018 年版）的相关条文

7.3.8 消防电梯应符合下列规定：

　　1. 应能每层停靠；

　　2. 电梯的载重量不应小于 800kg；

　　3. 电梯从首层至顶层的运行时间不宜大于 60s；

　　4. 电梯的动力与控制电缆、电线、控制面板应采取防水措施；

　　5. 在首层的消防电梯入口处应设置供消防队员专用的操作按钮；

　　6. 电梯轿厢的内部装修应采用不燃材料；

　　7. 电梯轿厢内部应设置专用消防对讲电话。

　　其中"电梯的动力与控制电缆、电线、控制面板应采取防水措施"，应在设计说明中予以表达。

10. 电气

10.1 消防电源及其配电

10.1.1 下列建筑物的消防用电应按一级负荷供电：

　　1. 建筑高度大于 50m 的乙、丙类厂房和丙类仓库；

　　2. 一类高层民用建筑。

10.1.2 下列建筑物、储罐（区）和堆场的消防用电应按二级负荷供电：

　　1. 室外消防用水量大于 30L/s 的厂房（仓库）；

　　2. 室外消防用水量大于 35L/s 的可燃材料堆场、可燃气体储罐（区）和甲、乙类液体储罐（区）；

　　3. 粮食仓库及粮食筒仓；

　　4. 二类高层民用建筑；

　　5. 座位数超过 1500 个的电影院、剧场，座位数超过 3000 个的体育馆，任一层建筑面积大于 3000m² 的商店和展览建筑，省（市）级及以上的广播电视、电信和财贸金融建筑，室外消防用水量大于 25L/s 的其他公共建筑。

10.1.4 消防用电按一、二级负荷供电的建筑，当采用自备发电设备作备用电源时，自备发电设备应设置自动和手动启动装置。当采用自动启动方式时，应能保证在 30s 内供电。

不同级别负荷的供电电源应符合现行国家标准《供配电系统设计规范》GB 50052—2009 的规定。

10.1.5 建筑内消防应急照明和灯光疏散指示标志的备用电源的连续供电时间应符合下列规定:

1. 建筑高度大于 100m 的民用建筑,不应小于 1.50h;

2. 医疗建筑、老年人照料设施、总建筑面积大于 100 000m² 的公共建筑和总建筑面积大于 20 000m² 的地下、半地下建筑,不应少于 1.00h;

3. 其他建筑,不应少于 0.50h。

10.1.6 消防用电设备应采用专用的供电回路,当建筑内的生产、生活用电被切断时,应仍能保证消防用电。

备用消防电源的供电时间和容量,应满足该建筑火灾延续时间内各消防用电设备的要求。

10.1.7 消防配电干线宜按防火分区划分,消防配电支线不宜穿越防火分区。

10.1.8 消防控制室、消防水泵房、防烟和排烟风机房的消防用电设备及消防电梯等的供电,应在其配电线路的最末一级配电箱处设置自动切换装置。

10.1.9 按一、二级负荷供电的消防设备,其配电箱应独立设置;按三级负荷供电的消防设备,其配电箱宜独立设置。

消防配电设备应设置明显标志。

10.1.10 消防配电线路应满足火灾时连续供电的需要,其敷设应符合下列规定:

1. 明敷时(包括敷设在吊顶内),应穿金属导管或采用封闭式金属槽盒保护,金属导管或封闭式金属槽盒应采取防火保护措施;当采用阻燃或耐火电缆并敷设在电缆井、沟内时,可不穿金属导管或采用封闭式金属槽盒保护;当采用矿物绝缘类不燃性电缆时,可直接明敷。

2. 暗敷时,应穿管并应敷设在不燃性结构内且保护层厚度不应小于 30mm。

3. 消防配电线路宜与其他配电线路分开敷设在不同的电缆井、沟内;确有困难需敷设在同一电缆井、沟内时,应分别布置在电缆井、沟的两侧,且消防配电线路应采用矿物绝缘类不燃性电缆。

本节条文及其解释应严格掌握,这是供配电设计中的一段核心内容,并且大部分条文都是强制性条文。从 10.1.1 和 10.1.2 条可以确定住宅建筑消防电梯的用电负荷等级;10.1.4 ~ 10.1.10 条是对消防电梯的供电和配电设计的具体要求。10.1.8 条要求消防电梯的供电,应在其配电线路的最末一级配电箱处设置自动切换装置,即在消防电梯机房配电箱设 ATSE。高层住宅建筑一般只设置一个强电井,没有单独设消防电井,根据 10.1.10 条 3 款,要注意此时消防配电线路与普通配电线路已是共井敷设,应分别布置在电缆井的两侧,且消防配电线路应采用矿物绝缘类不燃性电缆。

三、《民用建筑电气设计标准》GB 51348—2019 的相关条文

.1.2 常用用电设备电气装置的配电设计应采用效率高、能耗低、性能先进并符合相应产品能效标准及

节能评价值要求的电气产品。

现在的电梯电动机都是采用永磁同步电机和变频控制系统，能效非常高，功率因数也多在0.9以上。

9.3 电梯、自动扶梯和自动人行道

9.3.1 电梯、自动扶梯和自动人行道的负荷分级，应符合本标准附录A民用建筑各类建筑物的主要用电负荷分级的规定。客梯的供电要求应符合下列规定：

1. 一级负荷的客梯，应由双重电源的两个低压回路在末端配电箱处切换供电；

2. 二级负荷的客梯，宜由低压双回线路在末端配电箱处切换供电，至少其中一回路应为专用回路；

3. 自动扶梯和自动人行道应为二级及以上负荷；

4. 无人乘坐的杂物梯、食梯、运货平台可为三级负荷；

5. 三级负荷的客梯，应由建筑物低压配电柜中一路专用回路供电。

9.3.2 客梯及客货兼用的电梯均应具有断电就近自动平层开门功能。

9.3.3 电梯、自动扶梯和自动人行道的供电容量，应按其全部用电负荷确定。向多台电梯供电时，应计入同时系数。

9.3.4 电梯、自动扶梯和自动人行道的主电源开关和线缆选择应符合下列规定：

1. 每台电梯、自动扶梯和自动人行道应装设单独的隔离保护电器；

2. 主电源开关宜采用断路器；

3. 保护电器的过负荷保护特性曲线应与电梯、自动扶梯和自动人行道设备的负荷特性曲线相匹配；

4. 选择电梯、自动扶梯和自动人行道供电线缆时，应按其铭牌电流及其相应的工作制确定，线缆的连续工作载流量不应小于计算电流，并应对供电线缆电压损失进行校验；

5. 对有机房的电梯，其主电源开关应设置在机房入口处；

6. 对无机房的电梯，其主电源开关应设置在井道外工作人员便于操作处，并应具有必要的安全防护。

9.3.5 机房配电应符合下列规定：

1. 下列供电回路应与电梯曳引机分别设置保护：

1) 轿厢、机房和滑轮间的机械通风、空调装置；

2) 轿顶、机房、底坑的电源插座；

3) 井道照明、电梯楼层指示；

4) 报警装置。

2. 机房内应设有固定的照明，地表面的照度不应低于200lx，机房照明电源应与电梯电源分开，照明开关应设置在机房靠近入口处。

3. 机房内应至少设置一个电源插座。

4. 在气温较高地区，当机房的自然通风不能满足要求时，应设置机械通风或空调装置。

5. 电力线和控制线应隔离敷设。

6. 机房内配线应采用电线导管或槽盒保护，严禁使用可燃性材料制成的电线导管或槽盒。

9.3.6 电梯井道配电应符合下列规定：

1. 电梯井道应为电梯专用，井道内不得装设与电梯无关的设备、管道、线缆等。

2. 井道内应设置照明，且照度不应小于 50lx，并应符合下列要求：

1）应在距井道最高点和最低点 0.5m 以内各装一盏灯，中间每隔不超过 7m 的距离应装设一盏灯，并应分别在机房和底坑设置控制开关；

2）轿顶及井道照明宜采用 24V 的半导体发光照明装置（LED）或其他光源，当采用 220V 光源时，供电回路应增设剩余电流动作保护器。

3. 应在底坑开门侧设置电源插座。

4. 井道内敷设的线缆应是阻燃型，并应使用难燃型电线导管或槽盒保护，严禁使用可燃性材料制成的电线导管或槽盒。

5. 附设在建筑物外侧的电梯，其布线材料和方法及所用电器器件均应考虑气候条件的影响，并应采取相应防水措施。

9.3.7 当二类高层住宅中的客梯兼作消防电梯时，应符合消防装置设置标准，并应采用下列相应的应急操作。其供电应符合本标准第 13.7.13 条的规定。

1. 客梯应具有消防工作程序的转换装置；

2. 正常电源转换为消防电源时，消防电梯应能及时投入；

3. 发现灾情后，客梯应能迅速停落至首层或事先规定的楼层。

9.3.8 电梯的控制方式应根据电梯的类别、使用场所条件及配置电梯数量等因素综合比较确定。

9.3.9 客梯及客货兼用电梯的轿厢内宜设置与安防控制室、值班室的直通电话；消防电梯应设置与消防控制室的直通电话。

9.3.10 电梯机房、井道和轿厢中电气装置的故障防护，应符合下列规定：

1. 与建筑物的用电设备采用同一接地系统时，可不另设接地网；

2. 与电梯相关的所有电气设备及导管、槽盒的外露可导电部分均应与保护接地导体（PE）连接，电梯的金属构件，应做等电位联结。

本节内容须详细理解、掌握，并能应用到后面的设计中。9.3.6. 条 2 款 -1）的内容应在设计说明中或电梯机房配电箱系统图处进行完整表达，后文会有详细设计示例。井道内的线缆都由电梯厂家自备和安装，9.3.6 条 4 款的内容也应严格执行。9.3.2 条应在设计说明中表达，由电梯厂家实现其功能。9.3.9 条涉及电梯五方通话系统与消防电梯的消防专用电话设置要求。

四、《住宅建筑规范》GB 50368—2005 的相关条文

5.2.5 七层以及七层以上的住宅或住户入口层楼面距室外设计地面的高度超过 16m 的住宅必须设置电梯。

10.1.5 住宅内使用的电梯、水泵、风机等设备应采取节电措施。

此条文须了解。电梯的设置由建筑专业确定，有的别墅也设有电梯，通常是无机房电梯。电梯的节电措施包括采用智能控制、变频控制等。

五、《低压配电设计规范》GB 50054—2011 的相关条文

此条文是供配电设计的核心规范，所有条文内容都须熟悉并掌握。

六、《供配电系统设计规范》GB 50052—2009 的相关条文

3.0.2 一级负荷应由双重电源供电，当一电源发生故障时，另一电源不应同时受到损坏。

一类高层住宅的电梯负荷等级是一级，因此应由双重电源供电。双重电源在后面供配电系统设计中会有详细讲解。

5.0.4 正常运行情况下，用电设备端子处电压偏差允许值宜符合下列要求：

1. 电动机为 ±5% 额定电压。

电梯配电设计中，对电梯电动机的端电压要进行验算，以满足电压偏差要求。

《供配电系统设计规范》GB 50052—2009 中 "7 低压配电" 一节须了解。高层住宅电梯的配电均采用放射式。

七、《通用用电设备配电设计规范》GB 50055—2011 的相关条文

其中 "2 电动机" 一节须了解。

3.3 电梯和自动扶梯

3.3.1 各类电梯和自动扶梯的负荷分级及供电应符合现行国家标准《供配电系统设计规范》GB 50052 的有关规定。

3.3.2 每台电梯或自动扶梯的电源线应装设隔离电器和短路保护电器。电梯机房的每路电源进线均应装设隔离电器，并应装设在电梯机房内便于操作和维修的地点。

3.3.3 电梯的电力拖动和控制方式应根据其载重量、提升高度、停层方案进行综合比较后确定。

3.3.4 电梯或自动扶梯的供电导线应根据电动机铭牌额定电流及其相应的工作制确定，并应符合下列规定：

1. 单台交流电梯供电导线的连续工作载流量应大于其铭牌连续工作制额定电流的 140% 或铭牌

0.5h 或 1h 工作制额定电流的 90%。

2. 单台直流电梯供电导线的连续工作载流量应大于交直流变流器的连续工作制交流额定输入电流的 140%。

3. 向多台电梯供电，应计入需要系数。

4. 自动扶梯应按连续工作制计。

3.3.5 电梯的动力电源应设独立的隔离电器。轿厢、电梯机房、井道照明、通风、电源插座和报警装置等，其电源可从电梯动力电源隔离电器前取得，并应装设隔离电器和短路保护电器。

3.3.6 向电梯供电的电源线路不得敷设在电梯井道内。除电梯的专用线路外，其他线路不得沿电梯井道敷设。在电梯井道内的明敷电缆应采用阻燃型。明敷线路的穿线管、槽应是阻燃的。消防电梯的供电线路应符合现行国家标准《建筑设计防火规范》GB 50016 和《高层民用建筑设计防火规范》GB 50045 的有关规定。

3.3.7 电梯机房、轿厢和井道的接地应符合下列规定：

1. 机房和轿厢的电气设备、井道内的金属件与建筑物的用电设备应采用同一接地体。

2. 轿厢和金属件应采用等电位联结。

3. 当轿厢接地线采用电缆芯线时，不得少于 2 根。

本节内容须详细了解并掌握，特别是 3.3.4 条，需要认真理解，该条内容与设计手册中关于电梯配电的计算有差异。

八、《建筑照明设计标准》GB 50034—2013 的相关条文

3.1.2 照明种类的确定应符合下列规定：

1. 室内工作及相关辅助场所，均应设置正常照明；

2. 当下列场所正常照明电源失效时，应设置应急照明：

1) 需确保正常工作或活动继续进行的场所，应设置备用照明。

消防电梯机房属于发生火灾时仍需要坚持工作的场所，因此结合《消防应急照明和疏散指示系统技术标准》GB 51309—2018 中的 3.8 节可知，消防电梯机房的备用照明设计可以采用正常照明灯具，已由双电源在电梯机房末端切换供电。

3.2.2 照明设计应按下列条件选择光源：

1. 灯具安装高度较低的房间宜采用细管直管形三基色荧光灯；

3.3.6 镇流器的选择应符合下列规定：

1. 荧光灯应配用电子镇流器或节能电感镇流器；

电梯机房内净高一般在 2.5m 左右，因此照明灯具多采用 T5 三基色荧光灯，并配用电子镇流器或

节能电感镇流器。

4.1.7 设计照度与照度标准值的偏差不应超过 ±10%。

虽然《照明设计手册》（第三版）有补充：当房间灯具少于 10 盏时，允许超过此偏差，但是电梯机房照度计算的结果需要尽量满足这个要求。

5.5.1 公共和工业建筑通用房间或场所照明标准值应符合表 5.5.1 的规定。

表 5.5.1 公共和工业建筑通用房间或场所照明标准值						
房间或场所	参考平面及其高度	照度标准值（lx）	UGR	U_o	Ra	备注
电梯机房	地面	200	25	0.60	80	—

规范此处规定了电梯机房的照度标准值，但未见条文规定电梯机房的照明功率密度值，从《照明设计手册》（第三版）中的表 23-11 中配电装置室可推知，相似功能房间的相同照度标准值对应的功率密度值应可以取相同值。

第三节　接收相关专业条件

一、建筑专业

主要接收建筑专业的概况、屋顶层、机房层的平面、立面图纸和电梯参数（品牌、功率、梯速、载重、提升层数、装修等级等）。注意建筑专业开的进风孔洞位置，以免影响配电箱的安装。

二、结构专业

无。

三、给排水专业

无。

四、暖通专业

暖通专业提机房空调的位置和参数，机房轴流风扇的位置和参数。

五、厂家资料

不同品牌的电梯有不同的配电要求，需要对比并了解清楚。

第四节　清理图纸

删除或关闭与电气无关的图层或标注，保留各轴号尺寸、各标高、建筑空间名称等，打印时淡显50%，以便重点突出电气的图例与管线，方便阅图。图纸清理详见图4-1。电气制图相关设计要求参考《建筑电气制图标准》GB/T 50786—2012。

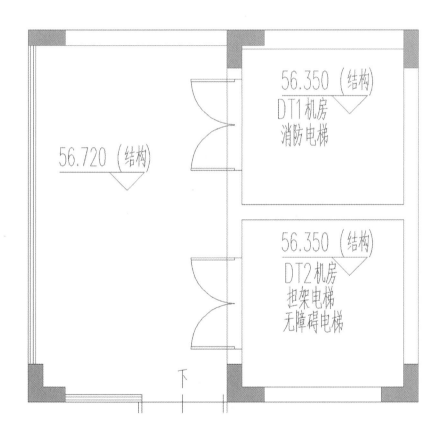

图4-1　已清理好的机房层平面图示例

第五节　电气平面设计

一、确定机房配电箱的安装位置及代号

机房配电箱是机房平面电气设计的源头，因此首先要确定其合理的安装位置，如图 4-2。

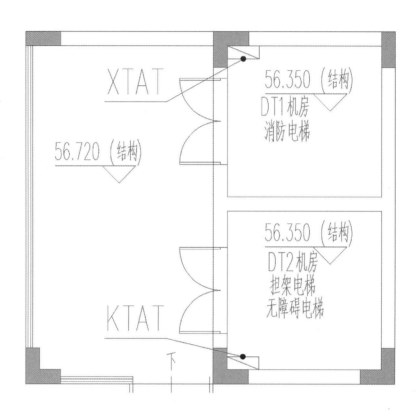

图 4-2　电梯机房配电箱安装位置图

根据《民用建筑电气设计标准》GB 51348—2019 中的 9.3.4.5 条 "对有机房的电梯，其主电源开关应能从机房入口处方便接近" 的要求，机房配电箱一般安装在机房门口附近的墙体上，墙体宽度要不小于 800mm，因为机房配电箱宽度为 600 ～ 700mm。箱体挂墙明装，箱底距地 1.3 ～ 1.5m 均可。机房配电箱的安装位置还要考虑便于进线电缆敷设进配电箱，特别是矿物绝缘电缆不宜过多转弯。箱体编号对消防电梯和普通客梯应有区别。

二、机房各配电回路设计

电气专业即是为实现建筑物或建筑物中各设备的既定功能而进行设计。民用建筑电气设计的强电

部分可以分解为照明、动力和接地这三部分。

根据几本重点规范，《住宅建筑电气设计规范》JGJ 242—2011、《民用建筑电气设计标准》GB 51348—2019、《通用用电设备配电设计规范》GB 50055—2011 中关于电梯的内容可知，电梯机房主要有以下设备回路需要进行配电设计：①电梯控制箱，由电梯厂家自带，须为其提供 380V 电源以使电梯动力系统和机械系统正常运行。②电梯轿厢照明，须为其提供 220V 电源以满足轿厢内的照明和通风等功能，由电梯厂家负责引接。③机房照明。④电梯井道照明。⑤机房检修插座。⑥机房通风用的轴流风扇。⑦机房降温用以保护电梯控制箱用的空调。另外可以预留一个轿厢空调备用回路。

还有一个电梯井道底坑的检修插座，前文已经分析，可以就近引接，不再从机房配电箱引出。分析完机房需要配电的设备后，即可进行平面管线回路设计，并对回路进行逐一编号区分。具体设计示例如图 4-3。

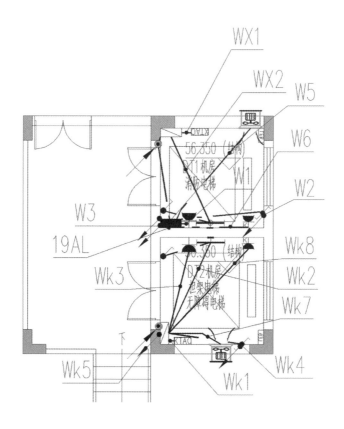

图 4-3　电梯机房回路示例图

三、机房照明设计及照度计算

按照《建筑照明设计标准》GB 50034—2013，电梯机房照度标准为 200lx，采用软件进行照度计算。从《照明设计手册》（第三版）中的表 23-11 中配电装置室可推知，相似功能房间的相同照度标

表4-1 照明计算表		
房间参数	序号	1
	房间名称	消防电梯机房
	房间长（m）	2.05
	房间宽（m）	2.05
	面积（m²）	4.20
	灯安装高度（m）	2.30
	工作面高度（m）	0.00
利用系数查表参数	数据来源	《照明设计手册》（第三版）
	利用系数值	0.57
其他计算参数	光源种类	T5 高效节能荧光灯管
	单灯光源数	1
	光源功率（W）	21
	光通量（lm）	2100
	总光通量（lm）	2100
	镇流器功率（W）	0
	房间类别	—
	维护系数	0.80
	要求照度值（lx）	200.00
	功率密度规范值（W/m²）	7.00
计算结果	灯具数	1
	总功率（W）	21
	计算照度值（lx）	228.00
	功率密度计算值（W/m²）	5.00

准值对应的功率密度值应可以取相同值 LPD 限值为 8W/m²。将相关参数输入计算器后按步骤计算即可，见表 4-1 及图 4-4。

　　在准确计算出灯具和光源个数之后，再设计机房照明平面。机房照明灯具采用壁装，其安装高度由机房净高决定，距地 2.4 ~ 2.5m，根据规范要求，机房照明由机房配电箱直接供电，不能被电梯动力主开关切断。按照《民用建筑电气设计标准》GB 51348—2019 中 9.3.5 条第 2 款，照明开关应设置

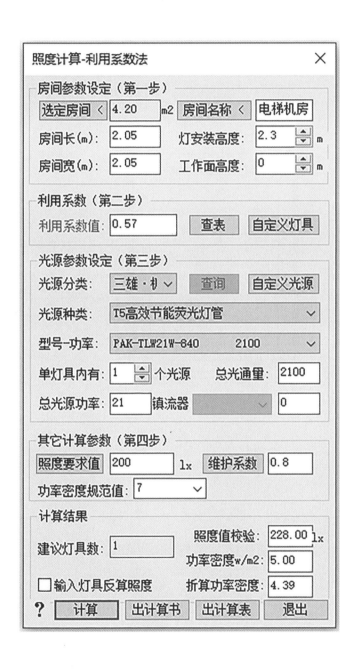

图 4-4　电梯机房照度软件计算示例图

在机房靠近入口处。

四、机房接地设计

关于电梯机房的接地设计内容，可按照《民用建筑电气设计标准》GB 51348—2019 中 9.3.10 条及 12.6 节"通用电力设备接地及等电位联结"和《通用用电设备配电设计规范》GB 50055—2011 中 3.3.7 条的要求，结合《工业与民用供配电设计手册》（第四版）中的 12.3.7 节和 14 章"接地"的内容，以及图集《等电位联结安装》15D502 第 24 页进行设计。电梯井道基坑等电位联结如图 4-5。

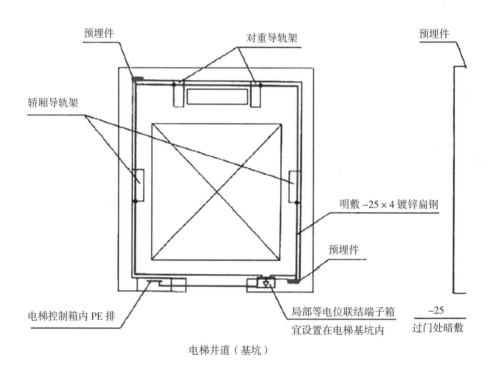

注：
1. 采用 –25×4 镀锌扁钢或 BVR-1×4mm² 联结电梯井道内的金属导轨，以实现轿厢和金属件的等电位联结。采用异形钢构件抱箍连接或焊接。
2. 局部等电位端子箱应于井道侧墙和地面内钢筋网以及电梯控制箱的 PE 排连通。

图4-5 电梯井道基坑等电位联结图（引自《建筑物防雷设施安装》15D501）

电梯机房内设等电位端子箱（LEB），距地 0.3m 安装，用 −40X4 热镀锌扁钢由电梯轨道引来。机房配电箱进线的 PE 线，电气设备的外露导电部分与机房、井道、底坑、轿厢的金属件应实施等电位联结，见图 4-6。

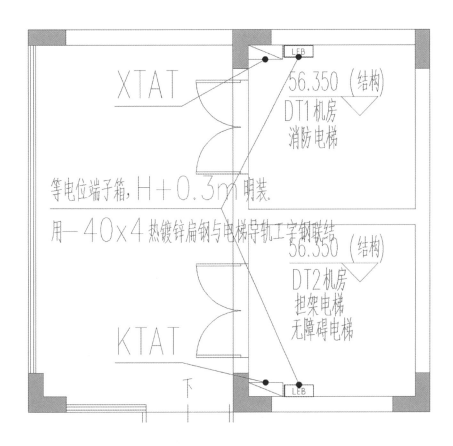

图 4-6 电梯机房等电位联结图

第六节 **配电系统设计**

一、机房配电箱系统设计

在完成机房各个配电回路的平面设计之后，机房配电箱各个出线回路（馈电部分）分配如图 4-7。

解析一：逐个确定出线回路的设备功率。

①电梯控制箱的功率由建筑专业完成电梯选型或定品牌后由厂家提供，各厂家数值偏差不大，30

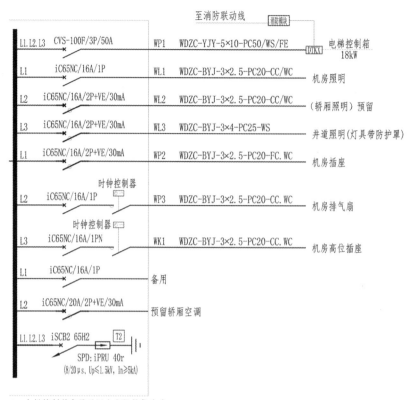

1. 电梯控制箱容量以甲方实际供货为准;
2. 电梯井道照明距井道最高点0.5m和最低点0.5m处各装一盏灯,中间每隔7m
   安装一盏灯,灯具加防护罩并在井道内壁最高层及最底层分别距本层底板1.3m 设一双控开关。
3. 电梯底坑距地1.5m设置一个防护等级不低于IP54的单相三孔电源插座。

图 4-7   电梯机房配电箱出线回路图

层左右的一类高层住宅电梯一般在 20kW 左右。②机房照明灯具功率由计算确定,约 32W。③轿厢照明预留回路功率约 200W。④井道照明由电梯厂家安装,属于施工和检修用负荷,井道照明可不计入配电箱总设备功率内。⑤机房轴流风扇由暖通专业提资确定,约 40W。⑥机房空调制冷功率约 1000W。

解析二:每个回路确定后即可设计相应的管线。线缆穿管选择见《建筑电气常用数据》19DX101-1,注意消防回路须采用 WDZN 线缆且穿金属管。管路敷设方式应以实际路由进行准确标注,可适当再备用一个回路开关。

解析三:为节能和便于管理,机房空调和风扇可采用时控方式。

解析四:根据前述规范要求,轿厢照明和井道照明采用 AC220V 供电的时候,应采用额定值 30mA 的剩余电流动作保护器。

解析五:由于电梯机房设置在屋顶,根据《建筑物防雷设计规范》GB 50057—2010 的 "6 防雷击电磁脉冲" 和《建筑物电子信息系统防雷技术规范》GB 50343—2012 的条文说明 "3.2 雷电防护区划分" 可知,电梯机房配电箱设置在 LPZ0B 和 LPZ1 的交界处,而且是建筑物最高部位,此处为防止雷击引起的过电压损坏电梯控制箱内的变频器和控制主板，因此要设置Ⅱ级试验熔断组合型SPD。其参数为Jp ≤ 1.5KV，In ≥ 5KA，8/20μs。SPD详细内容参见《建筑物防雷设计规范》GB 50057—2010。

解析六：注意电梯控制箱要有火灾报警系统控制联动的设计表达，消防电梯配电箱要有消防电源监控设计表达。

解析七：特别注意电梯控制箱的回路。根据《通用用电设备配电设计规范》GB 50055—2011中的3.3.4条1款的要求："单台交流电梯供电导线的连续工作载流量应大于其铭牌连续工作制额定电流的140%或铭牌0.5h或1h工作制额定电流的90%。"而根据《工业与民用供配电设计手册》（第四版）中的12.3.4条1款可知："单台交流电梯的计算电流应取曳引机铭牌0.5h或1h工作制额定电流的90%，加上附属电器的负荷电流，或取铭牌连续工作制额定电流的140%及附属电器的负荷电流。"《通用用电设备配电设计规范》GB 50055—2011中的3.3.4条仅是对导线连续工作载流量的放大倍数要求，而《工业与民用供配电设计手册》（第四版）12.3.4条1款的内容是对电梯计算电流的放大倍数要求。这二者的要求在对电梯电源回路开关的选取上是有不同影响的。后面根据《工业与民用供配电设计手册》（第四版）的12.3.5条可知，要先确定计算电流数据，再确定电梯电源开关，最后再确定电梯电源线的连续工作载流量。

二、机房配电箱系统负荷计算

各个回路的功率确定之后，采用需要系数法进行机房配电箱系统负荷计算。计算结果如图4-8。

$$Pn= 21\ kW$$
$$Kd = 1.00$$
$$\cos\phi = 0.60$$
$$Pc = 21.00\ kW$$
$$Ic = 53.18\ A$$

图4-8 机房配电箱负荷计算图

采用需要系数法进行负荷计算的具体内容详见《工业与民用供配电设计手册》（第四版）的1.4节。此处有几点内容进行特别说明：第一，单台电梯的机房配电箱负荷计算一般需要系数都取1。第二，向多台电梯供电时候，根据《通用用电设备配电设计规范》GB 50055—2011中3.3.3条3款，向多台电梯供电，应计入需要系数。根据《工业与民用供配电设计手册》（第四版）中的表12.3-2可知不同电梯台数需要系数的取值。

表 12.3-2 不同电梯台数的需要系数								
电梯台数	1	2	3	4	5	6	7	8	9
使用程度频繁的需要系数	1	0.91	0.85	0.80	0.76	0.72	0.69	0.67	0.64
使用程度一般的需要系数	1	0.85	0.78	0.72	0.67	0.65	0.59	0.56	0.54

功率因素此处取的是 0.6，依据的是《工业与民用供配电设计手册》（第四版）第 13 页表 1.4-3中交流电梯功率因素范围是 0.5 ~ 0.6。按此计算结果一般都比较保守，但此处数据有待思考，与现在的电梯实际性能和参数有很大差异。

三、特殊情况

有的地方消防审查要求，消防电梯机房的非消防负荷，如井道照明、机房检修插座、机房风扇和空调等，须与消防负荷分开配电箱配电。因此需要在消防电梯机房另做一个普通负荷配电箱，电源从最后一个公共照明箱链接引来，或者从隔壁的客梯机房配电房引分支出线来供电。这个要求会对机房电气的平面和系统设计有一定的影响，建议设计前就分开配电，以免设计审查被提。

第七节　ATSE 及其前端开关、主进线的选取

高层住宅电梯均由双电源供电，因此电梯机房配电箱须采用双切开关以保证双电源的可靠转换。配电箱系统图（前端受电部分）如图 4-9。

根据《民用建筑电气设计标准》GB 51348—2019

7.5.3 三相四线制系统中四极开关的选用，应符合下列规定：

1. 电源转换的功能性开关应作用于所有带电导体，且不得使所连接电源并联；

2. TN-C-S、TN-S 系统中的电源转换开关，应采用切断相导体和中性导体的四极开关；

3. 有中性导体的 IT 系统与 TT 系统之间的电源转换开关，应采用切断相导体和中性导体的四极开关；

4. 正常供电电源与备用发电机之间的电源转换开关应采用四极开关；

5. TT 系统中当电源进线有中性导体时应采用四极开关；

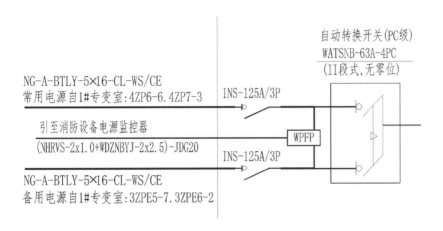

图 4-9　电梯机房配电箱受电端系统图

6. 带有接地故障保护（GFP）功能的断路器应选用四极开关。

.5.4 自动转换开关电器（ATSE）的选用应符合下列规定：

1. 应根据配电系统的要求，选择高可靠性的 ATSE 电器，并应满足现行国家标准《低压开关设备和控制设备第 6-1 部分：多功能电器转换开关电器》GB/T 14048.11 的有关规定；

2. ATSE 的转换动作时间宜满足负荷允许的最大断电时间的要求；

3. 当采用 PC 级自动转换开关电器时，应能耐受回路的预期短路电流，且 ATSE 的额定电流不应于回路计算电流的 125%；

4. 当采用 CB 级 ATSE 为消防负荷供电时，所选用的 ATSE 应具有短路保护和过负荷报警功能，其保护选择性应与上下级保护电器相配合；

5. 当应急照明负荷供电采用 CB 级 ATSE 时，保护选择性应与上下级保护电器相配合；

6. 宜选用具有检修隔离功能的 ATSE，当 ATSE 不具备检修隔离功能时，设计时应采取隔离措施；

7. ATSE 的切换时间应与供配电系统继电保护时间相配合，并应避免连续切换；

8. ATSE 为大容量电动机负荷供电时，应适当调整转换时间，在先断后合的转换过程中保证安全可靠切换。

以上各条内容须理解并掌握，从而准确选取机房配电箱双切开关。要特别注意 7.5.4 条 3 款要求 C 级 ATSE 的额定电流要大于回路计算电流的 125%，即应大于机房配电箱的计算电流的 125%。消防配电回路采用 PC 级 ATSE。本体带检修隔离功能的 ATSE 前端，可不设隔离措施。

双切开关前的进线电缆截面积须根据载流量、电压降、热稳定、保护灵敏度等要求来确定。具体内容详见《工业与民用供配电设计手册》（第四版）、《电力工程电缆设计标准》GB 50217—2018 中的"3 电缆型式与截面选择"和《低压配电设计规范》GB 50054—2011 中的"3.2 导体的选择"。

经过计算确定后的进线规格一般都能满足电梯厂家的要求。

根据《住宅建筑电气设计规范》JGJ 242—2011

6.4 导体及线缆选择

6.4.1 住宅建筑套内的电源线应选用铜材质导体。

6.4.2 敷设在电气竖井内的封闭母线、预制分支电缆、电缆及电源线等供电干线,可选用铜、铝或合金材质的导体。

6.4.3 高层住宅建筑中明敷的线缆应选用低烟、低毒的阻燃类线缆。

6.4.4 建筑高度为 100m 或 35 层及以上的住宅建筑,用于消防设施的供电干线应采用矿物绝缘电缆;建筑高度为 50～100m 且 19～34 层的一类高层住宅建筑,用于消防设施的供电干线应采用阻燃耐火线缆,宜采用矿物绝缘电缆;10～18 层的二类高层住宅建筑,用于消防设施的供电干线应采用阻燃耐火类线缆。

因此,高层住宅电梯配电箱进线应采用阻燃低烟无卤交联聚乙烯绝缘电力电缆。消防电梯回路选用 WDZN 电缆或矿物绝缘电缆,普通客梯回路选用 WDZ 电缆。电缆阻燃等级可按照上海市地方标准《民用建筑电气防火设计规程》DGJ 08—2048—2016 来合理选取。

在双切开关后可根据需求增加电能表以统计电梯用电量,电能表须带数据远传功能。

经过以上的各步骤分析与设计,即完整地完成了电梯机房电气设计。电梯属于特种设备,因此,电梯机房的电气设计与建筑物里面一般的设备用房电气设计相比,不仅有相同的地方,也有很多特殊之处,各规范也对其设计内容有非常详细的规定。按照规范和设计手册逐一实现电梯机房里面各设备的功能,以及机房的照明和接地,就能准确地做好电梯机房的电气设计。经过以上详细的分析,总结以下几点需要在设计中特别注意的内容:

第一,确定电梯的用电负荷等级。

第二,消防电梯机房的消防与非消防负荷建议分开配电。

第三,机房、井道、轿厢等各处的用电回路都须设计到位。

第四,电梯控制箱回路对电梯额定电流有着 140% 的特殊要求。

第五,电梯机房配电箱双切开关有大于 1.25 倍计算电流的要求。

第六,机房照明设计须计算确定以满足规范要求。

第七,机房要有等电位联结。

第五章｜住宅送风机房电气设计

住宅送风机房及其设备是建筑防烟系统的一部分，属于消防设施。其作用在于给楼梯间或前室等空间进行机械加压送风，保证发生火灾时这些疏散区域的气压正压，防止烟气进入。根据机房设置位置，送风机房分为两种，一种是设置在屋顶的送风机房，给楼梯间和前室加压送风；另一种是设置在地下室塔楼核心筒附近的送风机房，给地下室消防电梯前室和走道送风。这两种机房都是为塔楼服务的，因此电气专业可将其纳入塔楼设计范围，并进行电气设计，主要包括风机配电、机房照明、风机联动控制、余压监测等内容。本章节详细介绍住宅送风机房的电气设计。

第一节	设计必备

需要掌握和了解的主要设计规范、标准及行业标准、设计手册：

1.《住宅建筑电气设计规范》JGJ 242—2011

2.《建筑设计防火规范》GB 50016—2014（2018 年版）

3.《民用建筑电气设计标准》GB 51348—2019

4.《低压配电设计规范》GB 50054—2011

5.《供配电系统设计规范》GB 50052—2009

6.《通用用电设备配电设计规范》GB 50055—2011

7.《建筑照明设计标准》GB 50034—2013

8.《电力工程电缆设计标准》GB 50217—2018

9.《建筑物防雷设计规范》GB 50057—2010

10.《交流电气装置的接地设计规范》GB/T 50065—2011

11.《低压电气装置 》GB/T 16895 系列

12.《工业与民用供配电设计手册》（第四版）

13.《建筑防烟排烟系统技术标准》GB 51251—2017

14.《建筑电气常用数据》19DX101-1

15.《常用风机控制电路图》16D303-2

16.《民用建筑电气计算及示例》12SDX101-2

17.《建筑电气制图标准图示》12DX011

标粗字体的规范为重点规范，与风机相关的规范条文将在后续内容中详细说明。

第二节　重要规范内容提要及解读

一、《住宅建筑电气设计规范》JGJ 242—2011 的相关条文

见本书第一章第四节相关内容。

高层住宅送风机的用电负荷等级由该栋建筑物的分类确定（民用建筑的分类详见《建筑设计防火规范》GB 50016—2014（2018 年版）中的表5.1.1）。《住宅建筑电气设计规范》JGJ 242—2011中的表3.2.1 与《建筑设计防火规范》GB 50016—2014（2018 版）中10.1.1 条关于消防用电负荷等级的划分是一致的。

二、《建筑设计防火规范》GB 50016—2014（2018 年版）的相关条文

可参照本书第四章第二节第二部分中的相关内容。

三、《供配电系统设计规范》GB 50052—2009 的相关条文

可参照本书第四章第二节第六部分中的相关内容。

四、《建筑照明设计标准》GB50034—2013 的相关条文

6.3.13 公共和工业建筑非爆炸危险场所通用房间或场所照明功率密度限值应符合表6.3.13 的规定。

表6.3.13 公共和工业建筑非爆炸危险场所通用房间或场所照明功率密度限值

房间或场所	照度标准值（lx）	照明功率密度限值（W/m²）	
		现行值	目标值
风机房、空调机房	100	≤ 4.0	≤ 3.5

此规范规定了电梯机房的照度标准值和照明功率密度值，风机房照明设计要满足要求。其余可参照本书第四章第二节第八部分的相关内容。

五、《建筑防烟排烟系统技术标准》GB 51251—2017 的相关条文

5.1.1 机械加压送风系统应与火灾自动报警系统联动，其联动控制应符合现行国家标准《火灾自动报警系统设计规范》GB 50116 的有关规定。

5.1.2 加压送风机的启动应符合下列规定：

　　1. 现场手动启动；

　　2. 通过火灾自动报警系统自动启动；

　　3. 消防控制室手动启动；

　　4. 系统中任一常闭加压送风口开启时，加压风机应能自动启动。

5.1.3 当防火分区内火灾确认后，应能在 15s 内联动开启常闭加压送风口和加压送风机，并应符合下列规定：

　　1. 应开启该防火分区楼梯间的全部加压送风机；

　　2. 应开启该防火分区内着火层及其相邻上下层前室及合用前室的常闭送风口，同时开启加压送风机。

5.1.4 机械加压送风系统宜设有测压装置及风压调节措施。

5.1.5 消防控制设备应显示防烟系统的送风机、阀门等设施启闭状态。

　　本条内容规定了加压送风机的多种控制要求，应结合条文说明加以掌握，电气设计中要全部设计到位。

六、其他

　　其他需要了解的条文还有《民用建筑电气设计标准》GB 51348—2019 中的"9.2 电动机"一节、《低压配电设计规范》GB 50054—2011 中的所有条文、《供配电系统设计规范》GB 50052—2009 中的"7 低压配电"一节和《通用用电设备配电设计规范》GB 50055—2011 的"2 电动机"一节。其中，《低压配电设计规范》GB 50054—2011 是核心规范，所有条文内容都需要熟悉并掌握。

第三节　接收相关专业条件

一、建筑专业

　　主要接收建筑专业的概况，说明建筑分类、屋顶层、机房层的平面、立面图纸等。

二、结构专业

　　结构梁图。

三、给排水专业

无。

四、暖通专业

暖通专业接收风机房的风机、阀门资料。

五、厂家资料

可了解不同类型风机的详细资料。

第四节　清理图纸

删除或关闭与电气无关的图层或标注，保留各轴号尺寸、各标高、建筑空间名称等，打印时淡显50%，以便重点突出电气的图例与管线，方便阅图。图纸清理详见图5-1，电气制图相关设计要求参见《建筑电气制图标准》GB/T 50786—2012。

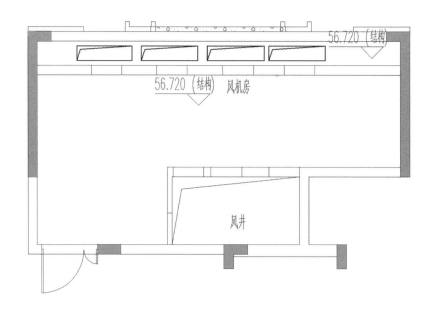

图 5-1　已清理好的机房层平面图示例

第五节　电气平面设计

一、确定机房配电箱的安装位置及代号

机房配电箱是机房平面电气设计的源头,因此首先要确定其合理的安装位置。如图 5-2。

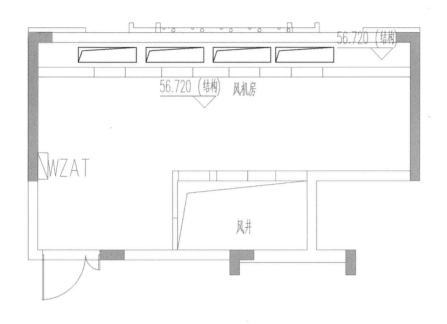

图 5-2　送风机房配电箱安装位置图

机房配电箱一般安装在机房门口附近的墙体上,墙体宽度要不小于 800mm,因为机房配电箱宽度为 600 ~ 700mm。箱体挂墙明装,箱底距地 1.3 ~ 1.5m 均可。安装位置应考虑便于电源进线路由施工。

二、机房各配电回路设计

电气专业即是为实现建筑物或建筑物中各设备的既定功能而进行设计。风机房主要有以下设备回路需要进行配电设计:①各台风机电动机;②机房照明;③机房检修插座;④余压控制器。

分析完机房需要配电的设备后,即可进行平面管线回路设计,并对回路进行逐一编号区分。具体设计示例如图 5-3(为保证图面清晰,机房照明和检修插座回路设计见下节示意图)。

三、机房照明设计及照度计算

按照《建筑照明设计标准》GB 50034—2013，风机房照度标准为100lx，功率密度值 LPD 限值为4W/m²，采用软件进行照度计算，将相关参数输入计算器后按步骤计算即可，见图5-4。

在准确计算出灯具和光源个数之后，再设计机房照明平面。由于风机房内风管很多，吸顶安装易遮挡光线，建议机房照明灯具采用壁装。灯具安装高度由机房净高决定，距地2.4 ～ 2.5m。风机房照明由风机房配电箱直接供电。照明开关应设置在机房靠近入口处，两个灯具采用二联开关。如图5-5。

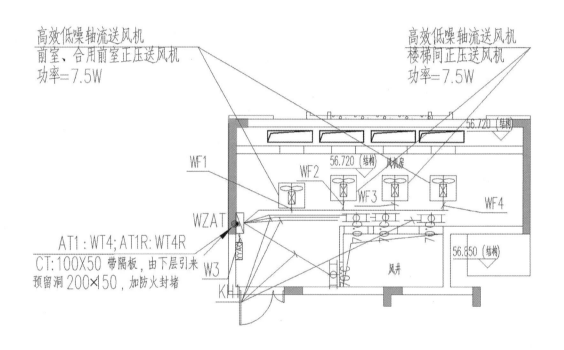

图5-3　送风机房配电平面图

图 5-4 送风机房照度软件计算示例

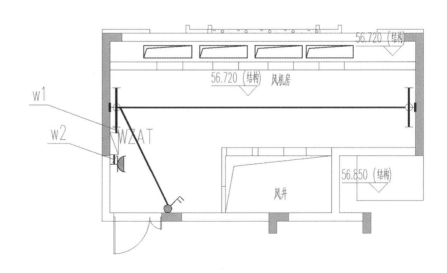

图 5-5 送风机房照明平面图

第六节　配电系统设计

一、机房配电箱系统设计

在完成机房各个配电回路的平面设计之后，机房配电箱各个回路分配如图5-6。屋顶若有多个风机房，也可按《民用建筑电气设计标准》GB 51348—2019的规定，共用一个ATSE后再放射配电至各风机控制箱。由于《建筑设计防火规范》GB 50016—2014（2018年版）尚未做出对应修订，建议每个风机房仍单独做双电源末端切换，以免审查被提。

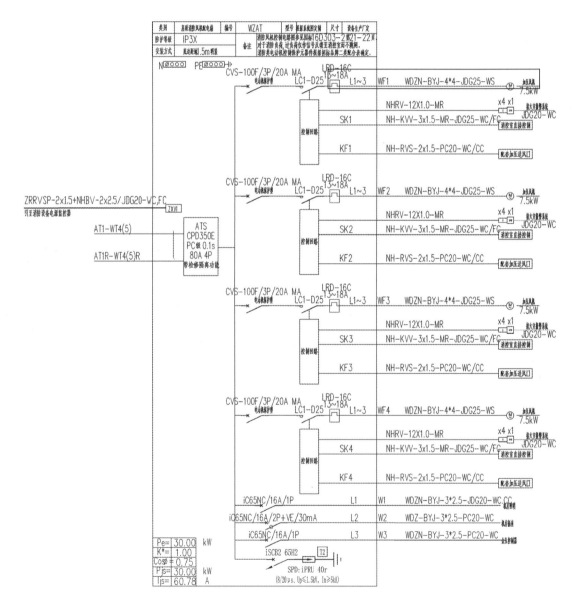

图5-6　送风机房配电箱系统图

解析一：逐个确定出线回路的设备功率。①风机电动机的功率由暖通专业提资确定，数据应与暖通专业完全一致；②机房照明灯具功率由计算确定，按42W；③余压控制器回路功率约可按200W。

解析二：每个回路确定后，即可设计相应的管线。线缆穿管选择见《建筑电气常用数据》19DX101-1。注意消防回路须采用WDZN线缆且穿金属管，而检修插座回路则无须采用耐火线。管路敷设方式应以实际路由进行准确标注。

解析三：由于风机房设置在屋顶，根据《建筑物防雷设计规范》GB 50057—2010中的"6 防雷击电磁脉冲"和《建筑物电子信息系统防雷技术规范》GB 50343—2012的条文说明"3.2 雷电防护区划分"可知，风机房配电箱设置在LPZ0B和LPZ1的交界处，而且是建筑物最高部位，此处为防止雷击引起的过电压损坏配电设备，因此要设置Ⅱ级试验熔断组合型SPD，其参数为Up ≤ 2.5kV，In ≥ 5kA，8/20μs。SPD详细内容参见《建筑物防雷设计规范》GB 50057—2010。

解析四：注意风机配电要有火灾自动报警系统控制联动的设计表达，要有消防电源监控设计表达，要有送风口联动控制风机的设计表达（此内容有时候须根据外审要求而确定）。

解析五：风机的控制原理图参照图集《常用风机控制电路图》16D303-2，根据风机类型注明页数，同时也可以用文字说清楚控制要求，见图5-7。

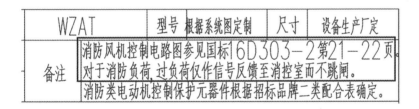

图5-7　消防风机控制要求

二、机房配电箱系统负荷计算

各个回路的功率确定之后，采用需要系数法进行机房配电箱系统负荷计算。计算结果如图5-8。

$$Pn = 30.5\ kW$$
$$Kd = 1.00$$
$$cos\varphi = 0.80$$
$$Pc = 30.50\ kW$$
$$Ic = 57.92\ A$$

图5-8　送风机房配电箱负荷计算

采用需要系数法进行负荷计算的具体内容详见《工业与民用供配电设计手册》(第四版)的 1.4 节。此处有两点内容需要特别说明：第一，为保证所有消防设备能同时正常使用，风机房配电箱负荷计算需要系数都取 1；第二，功率因素此处取的是 0.8，不宜取过高。

三、风机相关的联动控制

风机房的风机管道上还有很多阀类，需要根据运行情况与风机进行联动控制，这些阀类从暖通图纸上可以准确定位。单台风机的联动控制见图 5-9。

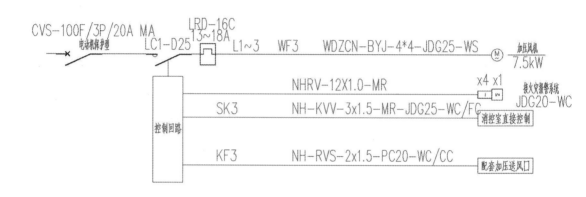

图 5-9 单台风机的控制系统图

在外墙管道口有进风阀，平时关闭，发生火灾时，风机启动前火警系统须先联动打开进风阀(DC24V电动阀)，该内容由火灾自动报警系统设计。

出风机房的风井口或风管口有 70 度防火阀，防火阀可因气温过高而自行熔断关闭。

各层的加压送风口，如果需要直接硬线联动启动风机，则需要增加联动控制回路，即上图中的 KF1 线路；

火灾自动报警系统通过总线形式能联动控制风机起停，即上图中的 I/O 模块联动线路。消控室的联动控制器需要能直接控制风机，即上图中的 SK1 线路。该内容由火灾自动报警系统进行平面设计，配电系统图中表达联动线路。

四、等电位设计

根据《建筑物防雷设计规范》GB 50057—2010 中的 6.3.4 条：

1. 所有进入建筑物的外来导电物均应在 LPZ0A 或 LPZ0B 与 LPZ1 区的界面处做等电位连接。

根据《建筑物电子信息系统防雷技术规范》GB 50343—2012 中的 5.4.3 条：

3. 进入建筑物的交流供电线路，在线路的总配电箱等LPZ0$_A$或LPZ0$_B$与LPZ1区交界处，应设置Ⅰ类试验的浪涌保护器或Ⅱ类试验的浪涌保护器作为第一级保护；在配电线路分配电箱、电子设备机房配电箱等后续防护区交界处，可设置Ⅱ类或Ⅲ类试验的浪涌保护器作为后级保护；特殊重要的电子信息设备电源端口可安装Ⅱ类或Ⅲ类试验的浪涌保护器作为精细保护（图5.4.3-1）。使用直流电源的信息设备，视其工作电压要求，宜安装适配的直流电源线路浪涌保护器。

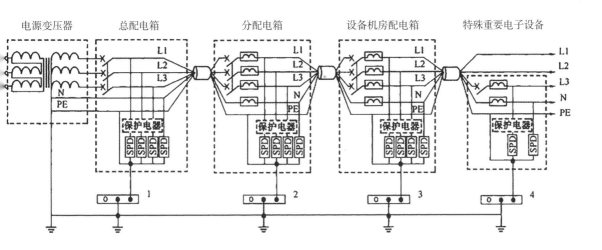

图5.4.3-1　TN-S系统的配电线路浪涌保护器安装位置示意图

——✕— 空气断路器　　SPD　浪涌保护器　　∿ 退耦器件　　▭●● 等电位接地端子板

1—总等电位接地端子板；　　2—楼层等电位接地端子板；　　3、4—局部等电位接地端子板

现在屋顶机房的金属风管均伸出了外墙面，根据规范要求应做SPD和等电位设计。风机房内设等电位端子箱，距地0.3m安装，用-40X4热镀锌扁钢与预留的接地端子板联结。机房配电箱进线的PE线，电气设备的外露可导电部分与机房内的风管等各金属构件应实施等电位联结。

双切开关及其前端开关、主进线的选取已在本书第四章第五节有所介绍。

本章比较全面地介绍了风机房设计内容，在某些情况下，其中一些内容可能不需要设计，如余压监测系统或风口直接联动风机（根据外审或消防审查要求）。经过以上详细分析和讲解，提出以下几点需要在设计中特别注意的内容：

第一，确定消防风机的用电负荷等级。

第二，由暖通专业确定提资是否要做余压监测系统。

第三，注意风机的各种联动控制设计要在系统图里表达到位。

第四，机房配电箱双切开关有大于 1.25 倍计算电流的要求。

第五，机房照明设计须计算确定以满足规范要求。

第六，风机电功率参数要与暖通专业完全一致。

第六章 | 住宅余压监控系统设计

第一节　余压监控系统介绍

　　余压监控系统是高层建筑正压送风系统中的一套系统性装置，包含余压监控系统主机、余压探测器、余压控制器、电动调节阀等。它由暖通专业确定是否设置，其作用是通过独立的通气管路调节气压差，使其不超过限定范围，从而确保在发生火灾时，人能推开疏散楼梯间的防火门。余压监控系统的工作原理是，通过压差控制器，对前室和楼梯间的气压以通气管进行采集监测，并将二者压差数据通过总线形式传输到余压控制器，余压控制器可控制电动调节阀的开闭进行泄压，保证压差在合理范围内。

一、设计必备

　　《建筑防烟排烟系统技术标准》GB 51251—2017 以及《建筑防排烟系统技术标准》15K606 图示及相关产品资料。

二、设计依据

　　余压监控系统的设计主要根据《建筑防烟排烟系统技术标准》GB 51251—2017 中 3.4.4 条和 5.1.4 条，这两条规范的内容决定了暖通专业是否要设置余压监控系统。

　　3.4.4 机械加压送风量应满足走廊至前室至楼梯间的压力呈递增分布，余压值应符合下列规定：

　　1. 前室、封闭避难层（间）与走道之间的压差应为 25 ~ 30Pa；

　　2. 楼梯间与走道之间的压差应为 40 ~ 50Pa；

　　3. 当系统余压值超过最大允许压力差时应采取泄压措施。最大允许压力差应由本标准第 3.4.9 条计算确定。

　　5.1.4 机械加压送风系统宜设有测压装置及风压调节措施。

　　根据以上两条规范，当余压值不满足要求时应设置泄压措施，采取泄压措施后应设置余压监控系统。这些工作均由暖通专业来判断完成。电气专业根据 5.1.4 条要设置测压装置以及风压调节措施，配合暖通专业来进行设计。

三、控制原理

送风增压系统的控制原理见图 6-1 ～图 6-5。

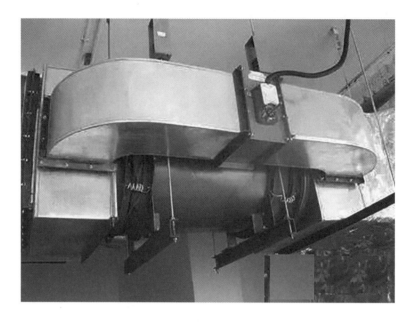

图 6-1　屋顶送风机房（引自网络）

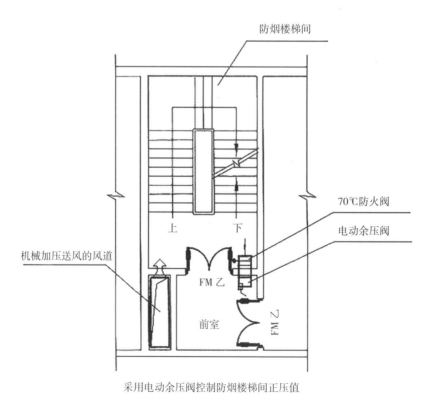

采用电动余压阀控制防烟楼梯间正压值

图 6-2　电动余压阀调节原理图

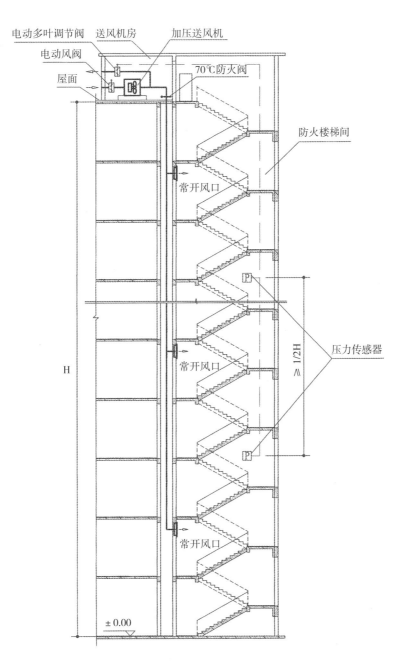

图6-3　楼梯间加压送风控制原理图

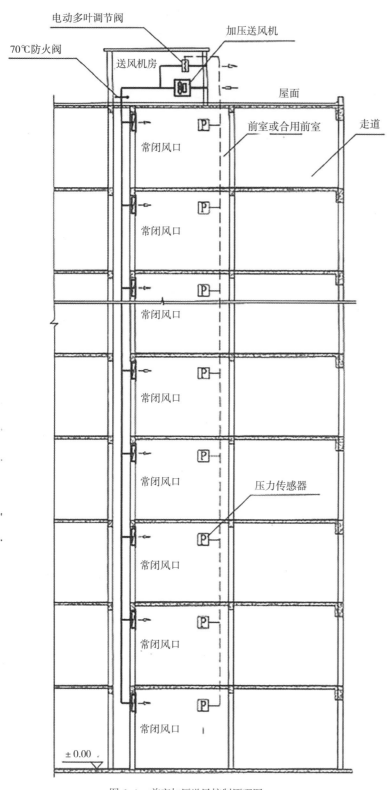

图 6-4　前室加压送风控制原理图

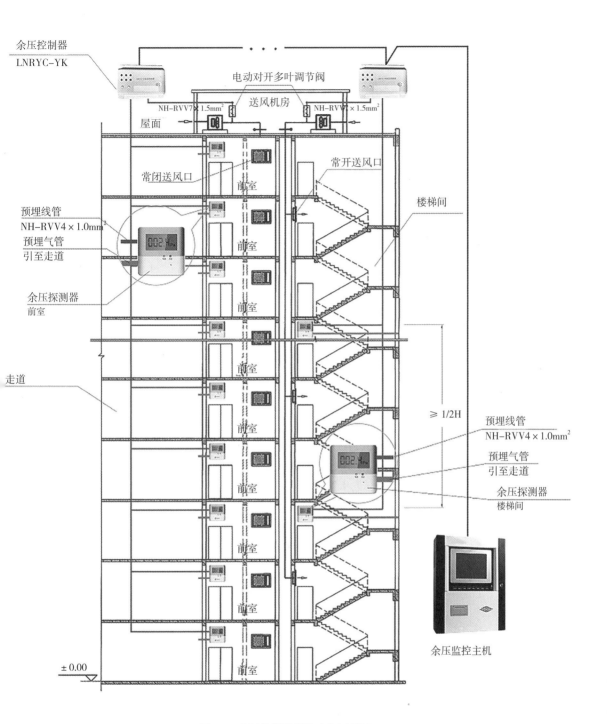

图 6-5 余压监控原理图（引自网络）

第二节　平面设计

一、余压控制器

余压控制器设置在屋顶送风机房内，由风机配电箱供电，AC220V，功率约 200W。控制器的数量由泄压系统设置情况确定。

二、压差调节阀

压差调节阀设置在送风机房内的泄压管道上，具体位置见图 6-1 和图 6-5。它由余压控制器进行自动控制。

三、压差监测模块

在各层前室和楼梯间设置压差监测模块，位置由暖通专业确定。电源与信号总线由一条垂直管路上下各层贯通，引至风机房的余压控制器。

四、余压监控主机

余压监控主机设置在消防控制室，可以通过通信总线带多台余压控制器，让值班人员及时了解所有楼栋的余压监控系统运行情况，并进行远程控制。主机可以根据实际需要进行配置。

第三节　系统设计

以前室和合用前室为例，首先找到余压控制系统的核心——余压控制器。余压控制器的电源是从机房配电箱引接的，它控制的是旁通管道上的电动调节阀，它采集的信号是各楼层合用前室或者前室的余压监测模块。合用前室和前室在一层和二层的监测模块的设置是有区别的，见图 6-6。

控制箱设计步骤如下：

第一，确定控制器电源

由所在风机房配电箱供电，AC220V、约 200W，用 16A 开关配 3×2.5 电线即可。

第二，确定调节阀控制回路

电动调节阀一般为 DC24V，由控制器进行输出控制。可根据产品要求进行控制线选取，穿金属管在风机房内明敷。

第三，确定压差监测模块信号回路

压差监测模块采用信号加电源总线形式传输监测数据，送至控制箱。采用 NH-RVV-4×1.0mm²，穿 JDG20 管暗敷，见图 6-7。

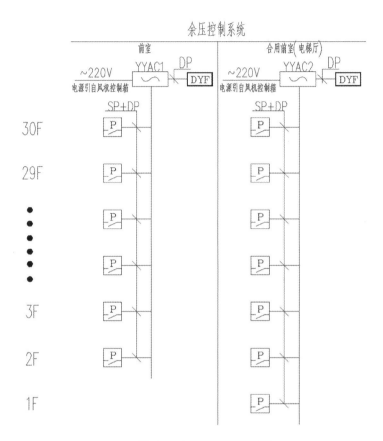

图 6-6　余压控制系统干线图

图 6-7　余压控制系统接线图

第七章 | 住宅公区电气设计

不同的住宅楼栋有着不同的户型搭配和不同的公共区域（简称住宅公区）。住宅公区主要包含以下区域：首层主要有入口门廊、大堂、电梯厅、走道、信报间、工具间、架空层等，标准层主要有电梯厅或电梯合用前室、走道、走道前室、连廊等，还有避难层、上人屋面、楼梯间、水暖电的管井等。住宅公区的电气设计即是设计上述各类公共区域的照明和插座、空调配电、泛光照明、航空障碍照明等。住宅公区的弱电系统和火灾自动报警系统的设计在后面的章节阐述。

第一节　设计必备

需要掌握和了解的主要设计规范、标准及行业标准、设计手册：

1.《住宅建筑电气设计规范》JGJ 242—2011

2.《建筑设计防火规范》GB 50016—2014（2018 年版）

3.《民用建筑电气设计标准》GB 51348—2019

4.《住宅建筑规范》GB 50368—2005

5.《住宅设计规范》GB 50096—2011

6.《低压配电设计规范》GB 50054—2011

7.《供配电系统设计规范》GB 50052—2009

8.《建筑照明设计标准》GB 50034—2013

9.《电力工程电缆设计标准》GB 50217—2018

10.《建筑物防雷设计规范》GB 50057—2010

11.《交流电气装置的接地设计规范》GB/T 50065—2011

12.《低压电气装置 》GB/T 16895 系列

13.《民用机场飞行区技术标准》MH 5001—2013

14.《工业与民用供配电设计手册》（第四版）

15.《照明设计手册》（第三版）

16.《民用建筑电气设计与施工——照明控制与灯具安装》08D800—4

17.《电气照明节能设计》06DX008—1

18.《建筑电气常用数据》19DX101—1

19.《建筑电气制图标准图示》12DX011

标粗字体的为重点规范和图集，与公区电气设计相关的规范条文将在后续内容中详细说明。

第二节　重要规范内容提要及解读

一、《住宅建筑电气设计规范》JGJ 242—2011 的相关条文

见本书第一章第四节相关内容。

从《住宅建筑电气设计规范》JGJ 242—2011 中的表 3.2.1 与《民用建筑电气设计标准》GB 1348—2019 中的附录 A（民用建筑中各类建筑物的主要用电负荷分级）可以确定高层住宅建筑公共照明的用电负荷等级。

.2 公共照明

.2.1 当住宅建筑设置航空障碍标志灯时，其电源应按该住宅建筑中最高负荷等级要求供电。

.2.2 应急照明的回路上不应设置电源插座。

.2.3 住宅建筑的门厅、前室、公共走道、楼梯间等应设人工照明及节能控制。当应急照明采用节能自息开关控制时，在应急情况下，设有火灾自动报警系统的应急照明应自动点亮；无火灾自动报警系统的应急照明可集中点亮。

.2.4 住宅建筑的门厅应设置便于残疾人使用的照明开关，开关处宜有标识。

9.2.1 条规定了航空障碍标志灯的负荷等级。

.5 照明节能

.5.1 直管形荧光灯应采用节能型镇流器，当使用电感镇流器时，其能耗应符合现行国家标准《管形荧光灯镇流器能效限定值及节能评价值》GB 17896 的规定。

.5.2 有自然光的门厅、公共走道、楼梯间等的照明，宜采用光控开关。

.5.3 住宅建筑公共照明宜采用定时开关、声光控制等节电开关和照明智能控制系统。

可依据 9.2.3 条和 9.5.3 条对住宅建筑公共照明设计采用不同方式的节能控制。9.5.1 条中的《管形荧光灯镇流器能效限定值及节能评价值》GB 17896 已更新为《管形荧光灯镇流器能效限定值及能效等级》GB 17896—2012。

二、《建筑设计防火规范》GB 50016—2014（2018 年版）的相关条文

10.2.4 开关、插座和照明灯具靠近可燃物时，应采取隔热、散热等防火措施。

卤钨灯和额定功率不小于100W 的白炽灯泡的吸顶灯、槽灯、嵌入式灯，其引入线应采用瓷管、矿棉等不燃材料作隔热保护。

额定功率不小于 60W 的白炽灯、卤钨灯、高压钠灯、金属卤化物灯、荧光高压汞灯（包括电感镇流器）等，不应直接安装在可燃物体上或采取其他防火措施。

此条文需要了解。

三、《民用建筑电气设计标准》GB 51348—2019 的相关条文

3.4.3 正常运行情况下，用电设备端子处的电压偏差允许值（以额定电压的百分数表示），宜符合下列规定：

1. 照明：室内场所为±5%；对于远离变电所的小面积一般工作场所，难以满足上述要求时，可为+5%、-10%；应急照明、景观照明、道路照明和警卫照明等为 +5%、-10%。

住宅建筑照明电压偏差要求宜为 ±5%。

10. 电气照明

10.6.8 照明系统中的每一单相分支回路电流不宜超过 16A，所接光源数或 LED 灯具数不宜超过 25 个；大型建筑组合灯具每一单相回路电流不宜超过 25A，光源数量不宜超过 60 个；当采用小功率单颗 LED灯时，仅需满足回路电流的规定。

10.6.16 走道、楼梯间、门厅等公共场所的照明，宜按建筑使用条件和天然采光状况采取分区、分组控制措施，并按使用需求采取降低照度的控制措施。

10.6.20 楼梯间、走道、地下车库等场所，宜设置红外或微波传感器实现照明自动点亮、延时关闭或降低照度的控制。

10.6.21 门厅、大堂、电梯厅等场所，宜采用夜间定时降低照度的自动控制装置。

（旧《民用建筑电气设计规范》JGJ 16—2008）10.7.9 当插座为单独回路时，每一回路插座数量不宜超过 10 个（组）；用于计算机电源的插座数量不宜超过 5 个（组），并应采用 A 型剩余电流动作保护装置。

第 10 章的全部内容都需要掌握。注意 10.6.8 条和旧《民用建筑电气设计规范》JGJ 16—2008中第 10.7.9 条，每个单相分支回路所带光源数量和插座数量的要求。公区照明的控制方式要满足10.6.16、10.6.20 和 10.6.21 条的要求，这也是电气节能设计要求。

四、《住宅建筑规范》GB 50368—2005 的相关条文

7.2.3 套内空间应能提供与其使用功能相适应的照度水平。套外的门厅、电梯前厅、走廊、楼梯的地面

照度应能满足使用功能要求。

10.1.4 住宅公共部位的照明应采用高效光源、高效灯具和节能控制措施。

　　此条文需要掌握。

五、《住宅设计规范》GB 50096—2011 的相关条文

8.7.5 共用部位应设置人工照明，应采用高效节能的照明装置和节能控制措施。当应急照明采用节能自熄开关时，必须采取消防时应急点亮的措施。

　　此条文需要掌握。

六、《低压配电设计规范》GB 50054—2011 的相关条文

　　供配电设计的核心规范，所有条文内容都需要熟悉并掌握。

七、《供配电系统设计规范》GB 50052—2009 的相关条文

3.0.2 一级负荷应由双重电源供电，当一电源发生故障时，另一电源不应同时受到损坏。

　　一类高层住宅的公共照明和航空障碍照明的负荷等级是一级，因此应由双重电源供电。双重电源在以后的供配电系统设计中会有详细讲解。

5.0.4 正常运行情况下，用电设备端子处电压偏差允许值宜符合下列要求：

　　1. 电动机为 $\pm5\%$ 额定电压。

　　2. 照明：在一般工作场所为 $\pm5\%$ 额定电压；对于远离变电所的小面积一般工作场所，难以满足上述要求时，可为 $+5\%$，-10% 额定电压；应急照明、道路照明和警卫照明等为 $+5\%$，-10% 额定电压。

　　3. 其他用电设备当无特殊规定时为 $\pm5\%$ 额定电压。

　　《民用建筑电气设计标准》GB51348—2019 中的 3.4.3 条与此同，须熟悉。另外，《供配电系统设计规范》GB 50052—2009 中的"7 低压配电"一节也需要了解。

八、《建筑照明设计标准》GB 50034—2013 的相关条文

5.1.7 设计照度与照度标准值的偏差不应超过 $\pm10\%$。

5.2.1 住宅建筑照明标准值宜符合表 5.2.1 规定。[1]

5.2.7 下列场所宜选用配用感应式自动控制的发光二极管灯：

---

[1] 表见本书第二章第四节表 5.2.1。

1. 旅馆、居住建筑及其他公共建筑的走廊、楼梯间、厕所等场所;

2. 地下车库的行车道、停车位;

3. 无人长时间逗留,只进行检查、巡视和短时操作等的工作的场所。

7.3.4 住宅建筑共用部位的照明,应采用延时自动熄灭或自动降低照度等节能措施。当应急疏散照明采用节能自熄开关时,应采取消防时强制点亮的措施。

以上条文是照明设计的核心规范,所有内容都需要熟悉并掌握。本文列出了主要的与公区照明设计相关且常用的条文,住宅建筑公区照明宜采用 LED 光源。

第三节　接收相关专业条件

一、建筑专业

主要接收建筑专业的概况,说明建筑分类,各层的平面、立面图纸和相关政府文件(绿建要求、航空限高要求、外立面报建对建筑物亮化的要求等)。

二、结构专业

梁板图。

三、给排水专业

无。

四、暖通专业

大堂是否设置空调,若有则提资。

五、甲方要求

甲方对于公区装修的要求,提供电气需要配合的条件图。

六、厂家资料

了解一些知名灯具厂家的产品资料,航空障碍灯资料等。

第四节 清理图纸

删除或关闭与电气无关的图层或标注，保留各轴号尺寸、各标高、建筑空间名称等，打印时淡显50%，以便重点突出电气的图例与管线，方便阅图，图纸清理详见图7-1。电气制图相关设计要求参见《建筑电气制图标准》GB/T 50786—2012。

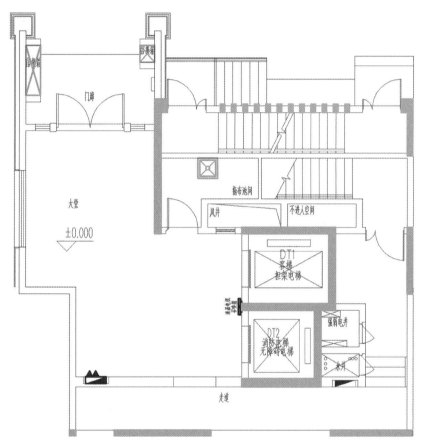

图 7-1 已清理好的首层公区平面图示例

第五节 电气平面设计

一、确定公共照明箱

公共照明箱是公区平面电气设计的源头，所有的照明和插座、其他设备用电的配电设计都从这里延伸开来。首先，要确定公共照明配电箱的数量和安装位置，一类高层住宅按30层左右考虑，从回路分配和成本的角度综合考虑，可设3个公共照明箱，分别设置在5层、15层和25层，这样就做到了供电范围均匀分配。安装在标准层的强电井中，底距地 1.5m 挂墙明装，见图 7-2。

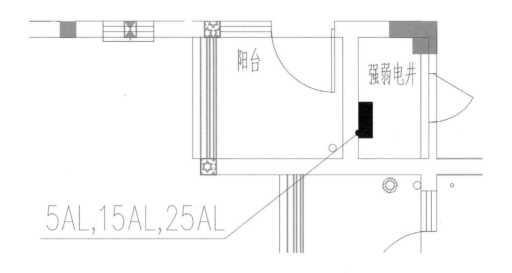

图 7-2　公共照明箱安装位置图

二、首层灯具布点

甲方若有提资装修要求，则按装修条件里面的灯具点位布置，见图 7-3。

图 7-3 中公区的灯具和开关已根据后期的装修要求进行了详细定位，电气设计须严格按此条件来进行。灯具选型以装修资料为准。若甲方没有要求，则从入口门廊开始，根据每个区域的照明功能需求来进行合理布置。图中对角虚线即为灯具定位线。

首层公区灯位确定步骤如下：①套上梁图。②在门廊顶棚区域对角线中心确定一个灯位，此灯是门廊主灯。③以大堂区域的对角线中心确定一个灯位，此灯是大堂主灯，一般是豪华大吊灯。④以电梯厅的对角线中心确定一个灯位，此灯是电梯厅主灯。⑤工具间和信报间等空间居中布置吸顶灯。⑥剩下区域全部是过道或者走道、楼梯间。这些区域的灯都是小型灯具，如筒灯或者小吸顶灯，因此可以根据走道长度均匀布置灯位。布点完成后即可平面连线，注意每个灯具点位最多连 4 个线头，连线要考虑最短路径以节约管线。图中对角虚线即为灯具定位线。

三、标准层灯具布点

标准层公区灯位确定步骤如下：①套上梁图。②以电梯厅的对角线中心确定一个灯位，此灯是电梯厅主灯。③各层的水井灯布置在门口上方 0.1 m 处壁装。④剩下区域全部是过道或者走道、楼梯间，这些区域的灯都是小型灯具，如筒灯或者小吸顶灯，因此可以根据走道长度均匀布置灯位。注意灯具

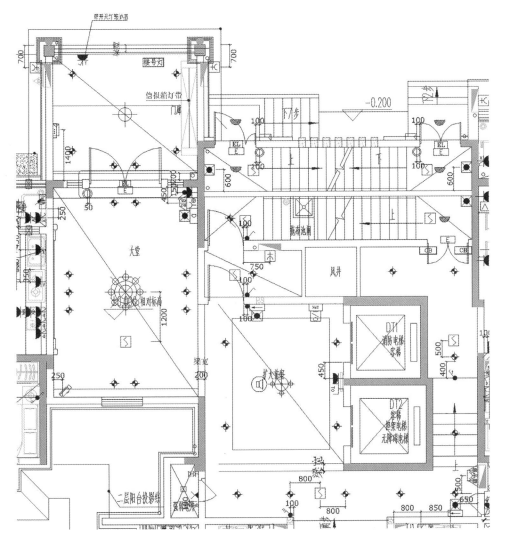

图7-3　首层公区装修点位图

不要布置在结构梁上，要套结构梁平面图，见图7-4。布点完成后即可平面连线，注意每个灯具点位

最多连4个线头，连线要考虑最短路径以节约管线。电井照明由公共照明配电箱提供。

四、公区插座布点

电气的本质是为各种设备提供电力服务，因此首层公区的插座布置由后期各种设备使用决定。主

要包括节假日门廊顶天花下吊的电灯笼、信报箱的自动投递柜、大堂区域清洁使用的插座、电梯门口

的信息显示屏这四个点位。地下室各层电梯厅同样也有电视插座、天花插座设置要求。有时可能有其

也特殊信息类显示屏的需求点位，这需要甲方提资确定，见图7-5。还有电井插座，分强电检修插座

和弱电设备插座，见图7-6。

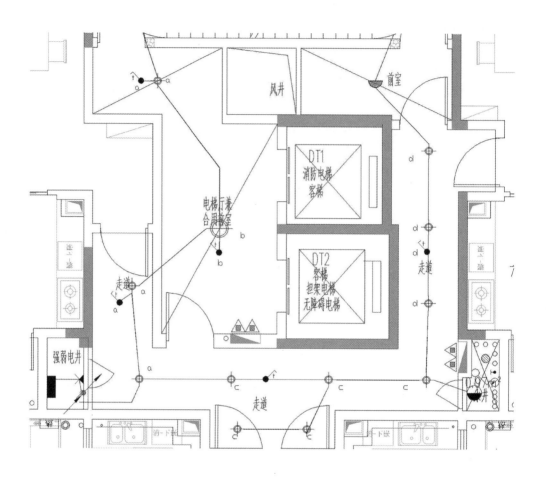

图 7-4 标准层公区灯具布点图

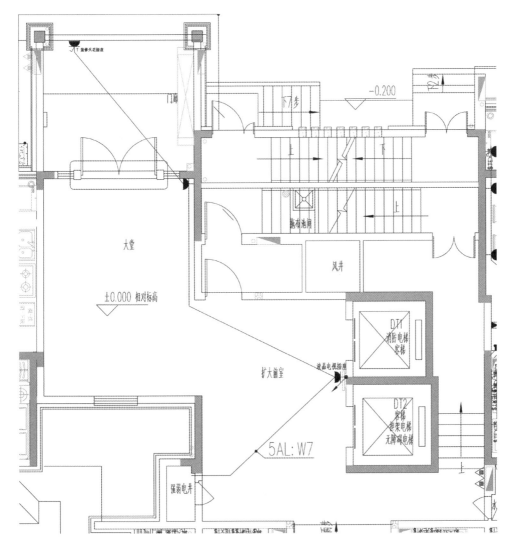

图 7-5　首层公区插座布点图

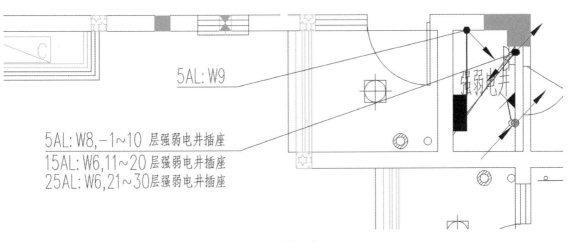

图 7-6　电井插座布置图

五、楼梯间照明

楼梯间的照明引自附近的走道或前室公共照明线路。有四个地方需要注意：一是最后一个标准层须向上引线到楼梯间顶部灯具；二是首层楼梯间的灯具要向外面平台雨棚下吸顶灯引线；三是有的首层楼梯间内再进一个防火门后即是踏步，此门后也应设置灯具，以免人进入后看不清而踩空摔倒；四是每个公共照明回路的灯具光源不宜超过 25 个，标准层是多层合用一个回路，需要在一个合适的地方有上下引管线的设计表达，用上下箭头符号，见图 7-7、图 7-8。

六、照明光源和控制方式分析

《建筑照明设计标准》GB 50034—2013

6.2.7 下列场所宜选用配用感应式自动控制的发光二极管灯：

　　1. 旅馆、居住建筑及其他公共建筑的走廊、楼梯间、厕所等场所；

　　2. 地下车库的行车道、停车位；

　　3. 无人长时间逗留，只进行检查、巡视和短时操作等工作的场所。

LED 光源已得到广泛应用，目前住宅建筑中照明光源绝大部分也是采用 LED。

首层大堂和电梯厅主灯采用普通开关控制，辅灯采用时控；标准层和楼梯间的所有灯具均采用人体自感应灯具或配声光控感应开关。为了节约管线，感应开关可在天花顶上距灯具 200mm 处吸顶安装。

光源和控制方式的选择能起到节能效果，均满足绿建要求。

七、公区照明设计的照度表达

将《建筑照明设计标准》GB 50034—2013 中电梯前厅、走道和楼梯间的照度要求值与设计值表达在设计说明的表格中。公区的照度设计值可以大致估算，做到满足规范要求即可，见图 7-9。

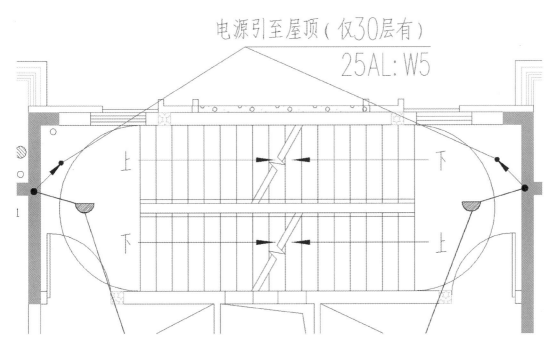

图 7-7　楼梯间照明图

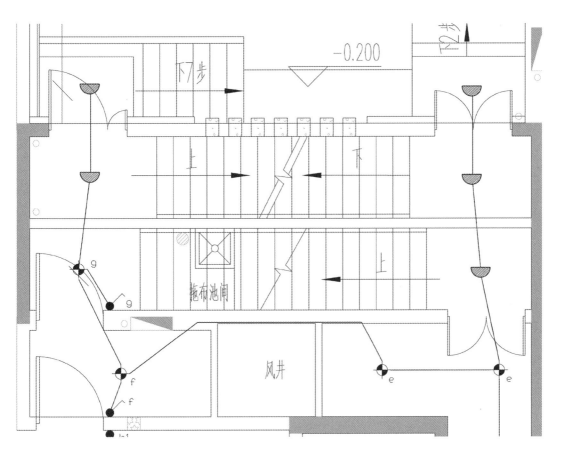

图 7-8　首层楼梯间照明图

图 7-9　电梯厅照度软件计算示例

第六节　配电系统设计

一、公共照明箱系统设计

在各层平面图布好灯具点位，连好线路之后，根据灯具个数来分配供电回路。第一个公共照明配电箱 5AL 供电范围是地下室各层核心筒到 10 层，系统图见图 7-10。

解析一：首层由于灯具比较多，因此单独设置一个回路；根据标准层公区灯具数量，每个回路所带灯具不宜超过 25 个，因此一般 2 ~ 3 层共用一个回路；地下室各层及首层大堂和电梯厅等的插座所

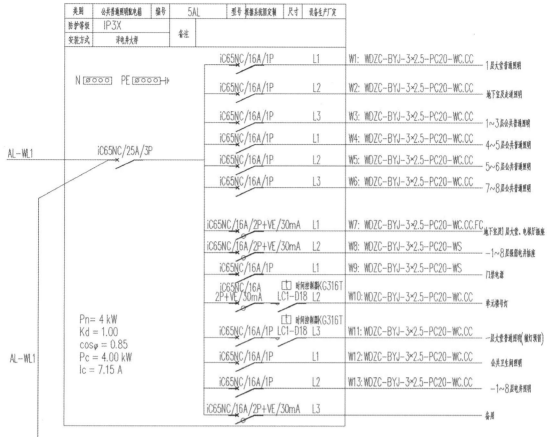

图 7-10 第一个公共照明箱系统图

但全部共用一个回路；从地下室各层电井（如果有）到第10层电井的插座回路，须为门禁系统提供电源；楼牌号灯和大门口的壁灯合用一个回路，采用时控方式；有的首层装修还有很多装饰性灯具，作为辅助照明，这些筒灯、射灯或者灯带全部共用一个回路，采用时控方式；地下室各层电梯厅等区域照明灯共用一个回路。

解析二：这些灯具功率都不大，照明回路的用电负荷可以逐个统计出来。每个回路确定后，编好回路编号，并设计相应的管线。线缆穿管选择见《建筑电气常用数据》19DX101-1。管路敷设方式应根据实际路由进行准确标注，可适当再备用两个回路开关。

解析三：为节能和便于管理，楼牌号灯和大门口的壁灯的合用回路，与首层装修装饰性灯具的辅灯回路采用时控方式。

解析四：根据规范要求，大堂插座和电井插座回路须采用额定值为30mA的剩余电流动作保护器。楼牌号和壁灯回路在微断无法满足单相接地短路保护的情况下，也应采用漏电开关，建议设计时直接采用漏电开关。

解析五：注意每个出线回路都是单相供电，因此应标好相序，尽量使负荷分配三相平衡。

解析六：首层大堂若有空调，则根据暖通专业提资，在第一个公共照明配电箱内增加空调室内机和室外机的配电回路，以及在平面图中增加配电线路和室内机的调温面板。

　　第二个公共照明配电箱 15AL 所服务的楼层是 11 层到 20 层，都是标准层，其系统图如图 7-11。

　　第三个公共照明配电箱 25AL 所服务的楼层是 21 层到屋顶机房层，其系统图如图 7-12。

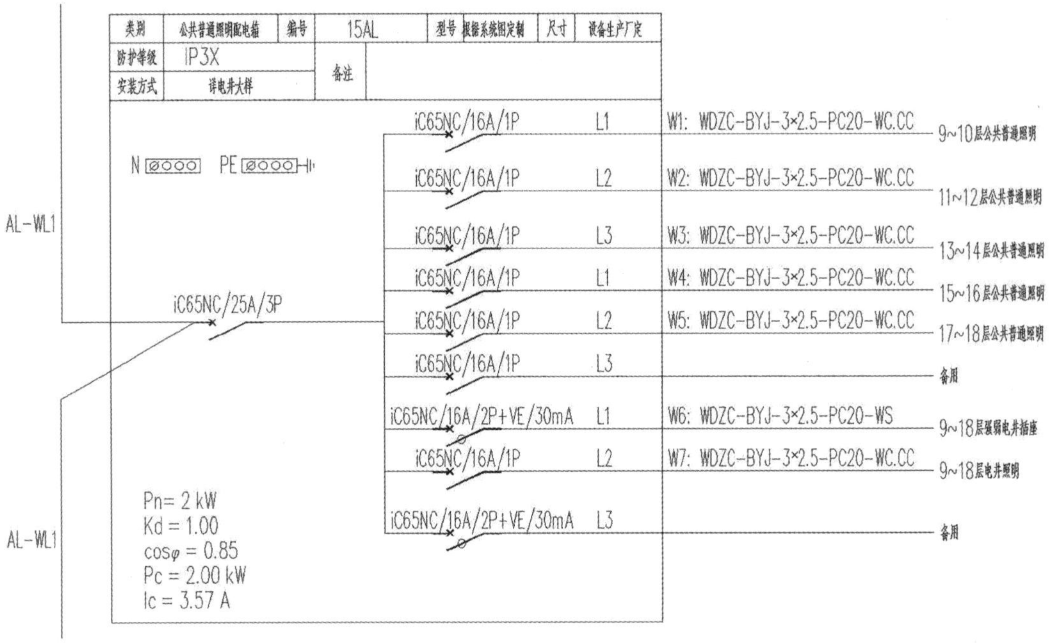

图 7-11　第二个公共照明箱系统图

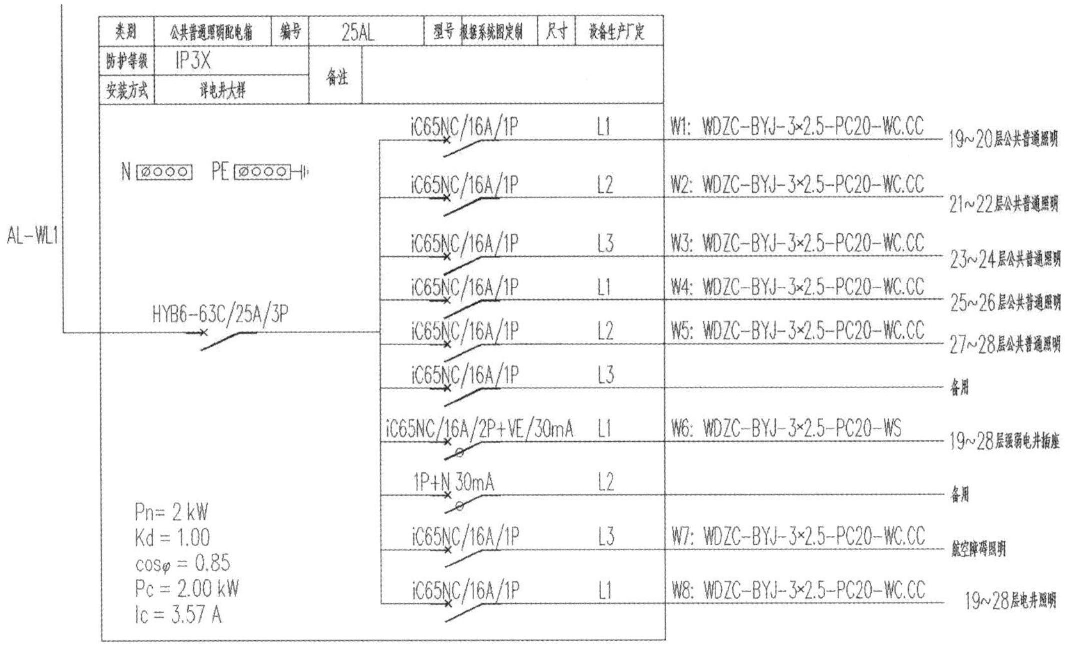

图 7-12　第三个公共照明箱系统图

25AL 系统与 15AL 系统相比又有所区别，除了标准层照明和电井插座回路，还有一个航空障碍灯路。航空障碍灯用电负荷不大，可以从公共照明箱引出一个支线回路供电。注意最后一个公共照明路的供电范围要标注准确，包含屋顶机房层，一般是顶部楼梯间区域。同理如果电井出了屋面，那井插座回路也注明清楚供电范围。各回路分析和做法与上面内容一样。

二、公共照明配电箱负荷计算

各个回路的功率确定之后，采用需要系数法进行负荷计算，计算结果如图 7-13。

$$Pn = 4\ kW$$
$$Kd = 1.00$$
$$\cos\varphi = 0.85$$
$$Pc = 4.00\ kW$$
$$Ic = 7.15\ A$$

图 7-13　公共照明箱负荷计算

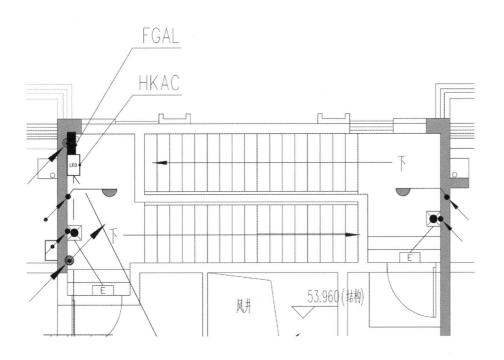

图 7-14　屋顶泛光照明和航空障碍照明箱位置图

采用需要系数法进行负荷计算的具体内容详见《工业与民用供配电设计手册》(第四版)的 1.4 节此处有几点内容需要特别说明：一是各个配电箱差别不大，第一个配电箱所带负荷更多，功率稍微大一些，但是一般也只有 5kW 左右，其余两个配电箱功率可取 2kW；二是配电箱负荷计算时需要系数都取 1，计算电流都非常小。

三、特殊情况

如果需要设计泛光照明和航空障碍照明，那么则需要泛光照明箱和航空障碍灯控制箱的安装位置。有几个地方可选，首选设置在屋顶层的电井内，其次可设置在顶部楼梯间的高位处，一般箱底为 H+1.8m 挂墙明装。高处设置以免碰撞到人，如图 7-14。

第七节　公共照明主干回路配电方式

一、确定楼栋公共照明的负荷等级

所有配电系统设计的第一步，必须是确定该用电负荷的负荷等级，这也是一栋楼、一个项目整体电气设计的第一步。

根据《住宅建筑电气设计规范》JGJ 242—2011 中的表 3.2.1（见前文规范解读）和《民用建筑电气设计标准》GB 51348—2019 中的附录 A 中的表 A 可知，一类高层住宅建筑的公共照明负荷等级即是一级。航空障碍照明与其同级亦为一级。

根据《住宅建筑电气设计规范》JGJ 242—2011 中的 3.2.1 条，泛光照明是非重要负荷，属于三级负荷。

3.2.1 住宅建筑中主要用电负荷的分级应符合表 3.2.1 的规定，其他未列入表 3.2.1 中的住宅建筑用电负荷的等级宜为三级。

表 A　民用建筑中各类建筑物的主要用电负荷分级			
序号	建筑物名称	用电负荷名称	负荷级别
25	住宅建筑	建筑高度大于54m的一类高层住宅的航空障碍照明、走道照明、值班照明、安防系统、电子信息设备机房、客梯、排污泵、生活水泵用电	一级
		建筑高度大于27m但不大于54m的二类高层住宅的走道照明、值班照明、安防系统、客梯、排污泵、生活水泵用电	二级

航空障碍照明与建筑物内的最高负荷等级一致，对于一类高层住宅而言即是一级。但需要注意的是，在别的建筑物内则有可能是更高等级。

二、确定公共照明的双电源供电方式

由于非消防一级负荷，并未要求需要双电源在末端切换，因此，一栋高层住宅的公共照明配电箱可以共用一个双电源切换箱，设置在负一层的塔楼专用配电小间内。双切箱系统图如图7-15。

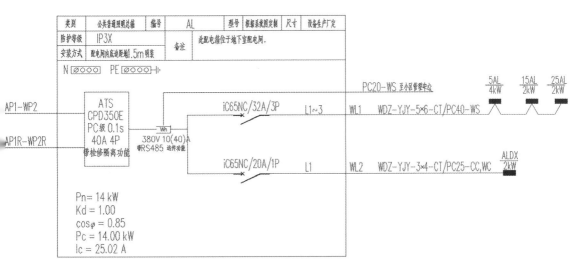

图7-15 公共照明双切箱系统图

根据《供配电系统设计规范》GB 50052—2009中的7.0.4条，对于小容量的配电箱可以采用链接配电箱方式，配电箱个数一般不大于5个。三个公共照明箱采用链接配电方式是很合适的。

7.0.4 当部分用电设备距供电点较远，而彼此相距很近、容量很小的次要用电设备，可采用链式配电，但每一回路环链设备不宜超过5台，其总容量不宜超过10kW。容量较小的用电设备的插座，采用链式配电时，每一条环链回路的设备数量可适当增加。

双切开关的选取参见《民用建筑电气设计标准》GB 51348—2019中的7.5.3条和7.5.4条。

根据《住宅建筑电气设计规范》JGJ 242—2011中的6.4节，高层住宅公共照明箱的进出线回路都应选用低烟无卤型线缆。电缆阻燃等级可参考《建筑电气常用数据》19DX101-1的第6～65页或上海市地标《民用建筑电气防火设计规程》DGJ 08-2048—2016来合理选取。

.4 导体及线缆选择

.4.1 住宅建筑套内的电源线应选用铜材质导体。

.4.2 敷设在电气竖井内的封闭母线、预制分支电缆、电缆及电源线等供电干线，可选用铜、铝或合金材质的导体。

6.4.3 高层住宅建筑中明敷的线缆应选用低烟、低毒的阻燃类线缆。

在双切开关后可根据需求增加电能表，以统计公共照明用电量，电能表须带数据远传功能。

泛光照明属于三级负荷，不从公共照明双切箱后面引出回路，可以从塔楼的普通负荷动力总箱单独引出一个回路进行供电。在后面的动力总箱设计篇章会进行讲解。

第八节　航空障碍照明设计

一、航空障碍照明是一种特殊的灯光标示

《建筑照明设计标准》GB 50034—2013

3.1.2 照明种类的确定应符合下列规定：

　5. 在危及航行安全的建筑物、构筑物上，应根据相关部门的规定设置障碍照明。

并不是每个高层建筑都必须要做航空障碍照明，《民用建筑电气设计标准》GB 51348—2019 中规定了什么情况下要做。

《民用建筑电气设计标准》GB 51348—2019

10.2.6 自机场跑道中点起、沿跑道延长线双向各 15km、两侧散开度各 15% 的区域内，顶部与跑道端点连线与水平面夹角大于 0.57° 的建筑物或构筑物应装设航空障碍标志灯，并应符合相关规范的要求。

当有甲方要求、民航部门审查要求或军方要求确定要做时，可以按照《民用建筑电气设计标准》GB 51348—2019 设计。

《民用建筑电气设计标准》GB 51348—2019

10.2.7 航空障碍标志灯的设置应符合下列规定：

　1. 航空障碍标志灯应装设在建筑物或构筑物的最高部位；当制高点平面面积较大或为建筑群时，除在最高端装设障碍标志灯外，还应在其外侧转角的顶端分别设置航空障碍标志灯。

　2. 航空障碍标志灯的水平安装间距不宜大于 52m；垂直安装自地面以上 45m 起，以不大于 52m 的等间距布置。

　3. 航空障碍标志灯宜采用自动通断电源的控制装置，并宜采取变化光强的措施。

　4. 航空障碍标志灯技术要求应符合表 10.2.7 的规定。

航空障碍标志灯首先应装在最高处，独立单元塔楼需要在最高处装一个，四角也需要安装。当水平距离超过 52m，即 2 个单元塔楼双拼的时候，各单元最高处要安装，四角和中间部位也要安装。高于地面 45 ~ 100m 的高层建筑垂直楼身，建议在其中间位置设置障碍灯。

航空障碍灯都是成品（甚至需要通过民航管理局认证，但是厂家极少，而且价格非常昂贵），自

表10.2.7 建筑物上装设的航空障碍灯技术要求

障碍标志灯类型	低光强	中光强		高光强
灯光颜色	航空红色	航空红色	航空白色	航空白色
控光方式及数据（次/min）	恒定光	闪光 20～60	闪光 20～60	闪光 40～60
有效光强	A 型 10cd 用于夜间 B 型 32cd 用于夜间	2000cd±25% 用于夜间	·2000cd±25% 用于夜间 ·2000cd±25% 用于白昼、黎明或黄昏	·2000cd±25% 用于夜间 ·20000cd±25% 用于黄昏或黎明 ·A 型 200000cd±25% 用于白昼 ·B 型 100000±25% 用于白昼
可视范围	·水平光束扩散角 360° ·垂直光束扩散角 ≥ 10°	·水平光束扩散角 360° ·垂直光束扩散角 ≥ 3°	·水平光束扩散角 360° ·垂直光束扩散角 ≥ 3°	·水平光束扩散角 360° ·垂直光束扩散角 ≥ 3°
	最大光强位于水平仰角 4°～20°之间	最大光强位于水平仰角 0°		
适用高度	·高出地面 45m 以下全部使用 ·高出地面 45m 以上部分与中光强结合使用	高出地面 45m 时	高出地面 92m 时	高出地面 151m（500 英尺）时

注：表中时间段对应的背景亮度：夜间对应的背景亮度小于 50cd/m²；黄昏与黎明对应的背景亮度为 50～500cd/m²；白昼对应的背景亮度大于 500cd/m²。

控制箱，因此只需要提供 AC220V 电源即可，电源等级应与主体建筑中最高负荷等级要求一致。

航空障碍照明平面设计可参考图集《民用建筑电气设计与施工 —— 照明控制与灯具安装》18D800-4，重点表达航空障碍照明控制箱、光控探头、航空障碍灯和管路敷设，以及注明航空障碍灯的防雷做法，具体参见《建筑物防雷设施安装》15D501 中的第 43 页。

二、如何设置航空障碍灯

《民用机场飞行区技术标准》MH 5001—2013 中的 9.11 节关于障碍灯的布置要求非常详细，特别是障碍物限制面以外的障碍物按此条内容。

由 B 型中光强障碍灯标示的障碍物的顶部比周围地面高出 45m 以上或比附近建筑物（当需要标示的障碍物被多个建筑物包围时）的顶部标高高出 45m 以上时，应在中间增设障碍灯。增设的中间层障碍灯应为交替的 B 型低光强障碍灯和 B 型中光强障碍灯，并视情况在顶部障碍灯与地面或附近建筑物顶部标高之间尽可能地以不大于 52m 等距离设置。

三、如何理解中间层设置障碍灯

第一，单个建筑物与地面比较高差。

第二，建筑物群是各建筑物顶部互相比较高差，不需要每栋建筑物重复设置中间层障碍灯，因为多余的中间层设置会被遮挡，只需要在建筑物群整体轮廓线外围设置。结合图集可以理解，图 7-16 中 A ~ E 的高差是大于 45m 的。

经过以上各步骤分析与设计，即完整地完成了住宅楼栋的公区电气设计。公区的电气设计主要是照明和插座回路设计，虽然并不复杂，但是用电点位繁多，需要对每个区域进行合理布置，以满足各种特定的需求。以下几点需要在设计中特别注意：

第一，确定公共照明（以及泛光照明、航空障碍照明）的用电负荷等级（电气设计第一步）。

第二，灯具和插座分别布点到位。

第三，每个灯具连线最多 4 个线头。

第四，公共照明箱采用链式配电。

第五，航空障碍照明的设计。

第六，地下室各层核心筒区域的照明插座同样需要设计到位。

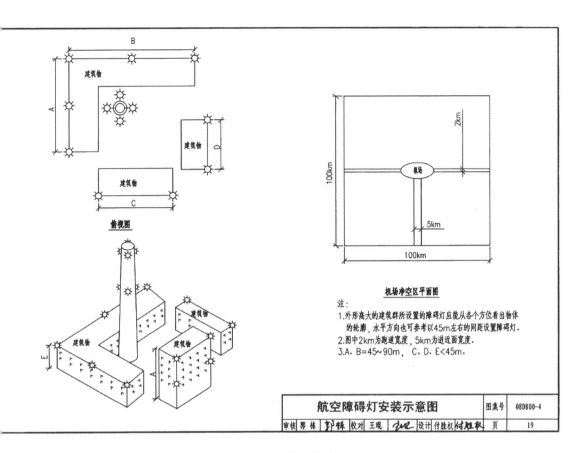

图 7-16　航空障碍灯安装示意图

第八章｜住宅公区配电竖向干线及系统电气设计

将住宅建筑的公区进行功能性区域划分，进行针对性的电气设计之后可以得到各区域的用电系统图，即具体的末端配电箱系统图。按电流的路径倒流去看，所有的末端配电箱沿着其进线电缆的路自向上，汇聚处的配电系统节点即住宅公区配电总箱，我们可以通过总箱对电能进行合理有序的分配。住宅公区电力总箱可分为两类：消防用电总箱和非消防用电总箱。消防用电总箱主要为消防电梯、消防风机、消防潜污泵、应急照明等消防负荷供电；非消防用电总箱主要为普通电梯、公共照明、泛光照明、社区用电（或其他功能性用电）等非消防负荷供电。一级负荷的配电总箱还须分为主用和备用两个总箱，公区用电总箱和末端配电箱，以及各自的进出线路，组成完整的公区低压配电系统，可用一张简洁准确的竖向干线图来表达一栋楼的公区用电。

第一节　设计必备

需要掌握和了解的主要设计规范、标准及行业标准、设计手册：

1.《住宅建筑电气设计规范》JGJ 242—2011

2.《建筑设计防火规范》GB 50016—2014（2018 年版）

3.《民用建筑电气设计标准》GB 51348—2019

4.《低压配电设计规范》GB 50054—2011

5.《供配电系统设计规范》GB 50052—2009

6.《电力工程电缆设计标准》GB 50217—2018

7.《矿物绝缘电缆敷设技术规程》JGJ 232—2011

8.《系统接地的型式及安全技术要求》GB 14050—2008

9.《电力装置电测量仪表装置设计规范》GB/T 50063—2017

10.《建筑物防雷设计规范》GB 50057—20101

11.《交流电气装置的接地设计规范》GB/T 50065—2011

12.《低压电气装置》GB/T 16895 系列

13.《工业与民用供配电设计手册》（第四版）

14.《建筑电气常用数据》19DX101-1

15.《民用建筑电气计算及示例》12SDX101-2

16.《建筑电气制图标准图示》12DX011

标粗字体的规范为重点规范，与风机相关的规范条文将在后续内容中详细说明。

第二节　重要规范内容提要及解读

一、《住宅建筑电气设计规范》JGJ 242—2011 的相关条文

9.3.3 高层住宅建筑楼梯间应急照明可采用不同回路跨楼层竖向供电，每个回路的光源数不宜超过20个。

条文说明：9.3.1 住宅建筑一般按楼层划分防火分区，扣除居住面积，住宅建筑每层公共交通面积不是很大，如果按每层每个防火分区来设置应急照明配电箱，显然不是很合理。考虑到住宅建筑的特殊性及火灾应急时疏散的重要性，建议住宅建筑每4～6层设置一个应急照明配电箱，每层或每个防火分区的应急照明应采用一个从应急照明配电箱引来的专用回路供电，应急照明配电箱应由消防专用回路供电。

一个应急照明配电箱可以为多楼层供电，每层采用一个应急照明支线回路。

6 低压配电

6.2.5 住宅建筑电源进线电缆宜地下敷设，进线处应设置电源进线箱，箱内应设置总保护开关电器。电源进线箱宜设在室内，当电源进线箱设在室外时，箱体防护等级不宜低于IP54。

6.4.3 高层住宅建筑中明敷的线缆应选用低烟、低毒的阻燃类线缆。

6.4.4 建筑高度为100m 或35 层及以上的住宅建筑，用于消防设施的供电干线应采用矿物绝缘电缆；建筑高度为50～100m且19～34 层的一类高层住宅建筑，用于消防设施的供电干线应采用阻燃耐火线缆，宜采用矿物绝缘电缆；10～18 层的二类高层住宅建筑，用于消防设施的供电干线应采用阻燃耐火类线缆。

条文说明：6.4.3 明敷线缆包括电缆明敷、电缆敷设在电缆梯架里和电线穿保护导管明敷。阻燃类型应根据敷设场所的具体条件选择。

此处条文须了解。

二、《建筑设计防火规范》GB 50016—2014（2018 年版）的相关条文

10.1.6 消防用电设备应采用专用的供电回路，当建筑内的生产、生活用电被切断时，应仍能保证消防用电。

备用消防电源的供电时间和容量，应满足该建筑火灾延续时间内各消防用电设备的要求。

10.1.7 消防配电干线宜按防火分区划分，消防配电支线不宜穿越防火分区。

10.1.10 消防配电线路应满足火灾时连续供电的需要，其敷设应符合下列规定：

　　1. 明敷时（包括敷设在吊顶内），应穿金属导管或采用封闭式金属槽盒保护，金属导管或封闭式金属槽盒应采取防火保护措施；当采用阻燃或耐火电缆并敷设在电缆井、沟内时，可不穿金属导管或采用封闭式金属槽盒保护；当采用矿物绝缘类不燃性电缆时，可直接明敷。

　　2. 暗敷时，应穿管并应敷设在不燃性结构内且保护层厚度不应小于30mm。

　　3. 消防配电线路宜与其他配电线路分开敷设在不同的电缆井、沟内；确有困难需敷设在同一电缆井、沟内时，应分别布置在电缆井、沟的两侧，且消防配电线路应采用矿物绝缘类不燃性电缆。

　　本节条文及其解释应严格掌握，这是供配电设计中的一段核心内容，并且大部分条文都是强条。高层住宅建筑一般只设置一个强电井，没有单独设消防电井，根据10.1.10条3款，要注意此时消防配电线路与普通配电线路已是共井敷设，应分别布置在电缆井的两侧，且消防配电线路应采用矿物绝缘类不燃性电缆。

　　注意10.1.6条的条文说明：本条规定的"供电回路"是指从低压总配电室或分配电室至消防设备或消防设备室（如消防水泵房、消防控制室、消防电梯机房等）最末级配电箱的配电线路。因此可以给每栋住宅塔楼设置一个分配电室，从该分配电室向末端配电箱用专用回路供电也是满足规范要求的。

三、《民用建筑电气设计标准》GB 51348—2019 的相关条文

7 低压配电

7.2.2 高层民用建筑的低压配电系统应符合下列规定：

　　1. 照明、电力、消防及其他防灾用电负荷应分别自成系统。

　　2. 用电负荷或重要用电负荷容量较大时，宜从变电所以放射式配电。

　　3. 高层民用建筑的垂直供电干线，可根据负荷重要程度、负荷大小及分布情况，采用下列方式供电：

　　1）高层公共建筑配电箱的设置和配电回路应根据负荷性质按防火分区划分；

　　2）400A 及以上宜采用封闭式母线槽供电的树干式配电；

　　3）400A 以下可采用电缆干线以放射式或树干式配电；当为树干式配电时，宜采用预制分支电缆或 T 接箱等方式引至各配电箱；

　　4）可采用分区树干式配电。

此处规范须了解。对住宅的低压配电系统建议采用放射式供电，可以设置一个塔楼专用的低压配电室。7.2.2 条 1 款规定了各类用电负荷应分别自成系统，各系统可以自塔楼的低压配电室再进行细分，并不一定要从变配电房就严格分开，这样变配电房可以节省很多低压出线间隔。

四、《低压配电设计规范》GB 50054—2011 的相关条文

供配电设计的核心规范，所有条文内容都须熟悉并掌握。

五、《供配电系统设计规范》GB 50052—2009 的相关条文

.0.2 一级负荷应由双重电源供电，当一电源发生故障时，另一电源不应同时受到损坏。

一类高层住宅的消防风机负荷等级是一级负荷，因此应由双重电源供电。双重电源在后面的供配电系统设计中会有详细讲解。

低压配电

.0.1 带电导体系统的型式，宜采用单相二线制、两相三线制、三相三线制和三相四线制。

低压配电系统接地型式，可采用 TN 系统、TT 系统和 IT 系统。

.0.2 在正常环境的建筑物内，当大部分用电设备为中小容量，且无特殊要求时，宜采用树干式配电。

.0.3 当用电设备为大容量或负荷性质重要，或在有特殊要求的建筑物内，宜采用放射式配电。

.0.4 当部分用电设备距供电点较远，而彼此相距很近、容量很小的次要用电设备，可采用链式配电，但每一回路环链设备不宜超过 5 台，其总容量不宜超过 10kW。容量较小用电设备的插座，采用链式配电时，每一条环链回路的设备数量可适当增加。

.0.5 在多层建筑物内，由总配电箱至楼层配电箱宜采用树干式配电或分区树干式配电。对于容量较大的集中负荷或重要用电设备，应从配电室以放射式配电；楼层配电箱至用户配电箱应采用放射式配电。在高层建筑物内，向楼层各配电点供电时，宜采用分区树干式配电；由楼层配电间或竖井内配电箱至用户配电箱的配电，应采取放射式配电；对部分容量较大的集中负荷或重要用电设备，应从变电所低压配电室以放射式配电。

.0.6 平行的生产流水线或互为备用的生产机组，应根据生产要求，宜由不同的回路配电；同一生产流水线的各用电设备，宜由同一回路配电。

.0.7 在低压电网中，宜选用 D，yn11 接线组别的三相变压器作为配电变压器。

.0.8 在系统接地型式为 TN 及 TT 的低压电网中，当选用 Y，yn0 接线组别的三相变压器时，其由单相不平衡负荷引起的中性线电流不得超过低压绕组额定电流的 25%，且其一相的电流在满载时不得超过额定电流值。

.0.9 当采用 220V／380V 的 TN 及 TT 系统接地型式的低压电网时，照明和电力设备宜由同一台变压

器供电，必要时亦可单独设置照明变压器供电。

7.0.10 由建筑物外引入的配电线路，应在室内分界点便于操作维护的地方装设隔离电器。

　　此处规范须掌握。高层住宅的低压配电方式多采用放射式供电。注意 7.0.5 条，其中"容量较大的集中负荷或重要用电设备"主要是指电梯、消防水泵、加压水泵等负荷，电梯应从变电所低压配电室放射式配电。

第三节　低压配电方式分析

　　在进行住宅公区配电竖向干线和系统设计之前，我们需要了解清楚常用的低压电力配电系统的几种方式。主要依据《工业与民用供配电设计手册》（第四版）：

2.5.3.2 电力配电系统

常用低压电力配电系统接线及有关说明见表 2.5-1。

　　这几种低压配电方式里面，用得最多的是放射式、树干式和链式。放射式的供电可靠性很高，但是成本稍高；树干式成本较低，但是干线故障影响范围大；链式多适用于少台数、小容量的设备。高层住宅建筑公区的设备都是重要用电设备，除了泛光照明，其余都是一级负荷。因此根据《民用建筑电气设计标准》GB 51348—2019 中的 7.2.2 条 2 款和《供配电系统设计规范》GB 50052—2009 中的 7.0.5 条，高层住宅建筑公区的用电设备应采用放射式供电，确保供电可靠性。

　　在公区设备中，公共照明和应急照明由于配电箱数量一般是 3 个或 2 个，用电负荷都不大，应急照明箱每个约 1kW，公共照明箱每个 2～3kW，因此可以采用树干式或链式供电，可以减少公共照明双切箱或应急照明双切箱的出线回路数。

表 2.5-1 常用低压电力配电系统接线及有关说明

名称	接线图	简要说明
放射式		配电线故障互不影响，供电可靠性较高，配电设备集中，检修比较方便，但系统灵活性较差，有色金属消耗较多，一般在下列情况下采用： （1）容量大、负荷集中或重要的用电设备 （2）需要集中连锁启动、停车的设备 （3）有腐蚀性介质和爆炸危险等环境，不宜将用电及保护启动设备放在现场者
树干式		配电设备及有色金属消耗较少，系统灵活性好，但干线故障时影响范围大
变压器干线式		除了具有树干式系统的优点外，接线更简单，能大量减少低压配电设备； 为了提高母干线的供电可靠性，应适当减少接出的分支回路数，一般不超过 10 个； 频繁启动、容量较大的冲击负荷，以及对电压质量要求严格的用电设备，不宜用此方式供电
链式		适用于距配电屏远而彼此相距又较近的不重要的小容量用电设备； 链接的设备一般不超过 5 台、总容量不超 10kW； 供电给容量较小用电设备的插座，采用链式配电时，每一条环链回路的数量可适当增加
环形终端供电		最大的优点在于供电可靠性高，降低了供电回路的阻抗，提高了保护电器动作的灵敏度； 适用于面积不超过 100m^2，单个设备容量不超过 2kW 的场所，每个插座的额定电流不超过 10A，回路的导体截面不应小于铜芯 2.5mm^2

第四节　竖向干线图

在确定高层住宅的低压配电系统采用放射式之后，还需要再确定放射式配电的起始位置，该起始位置决定了干线系统的前端架构。

一个变配电房所供电的楼栋数量很多，如果所有楼栋的末端配电箱，如电梯、风机、照明等都从变配电房就开始进行放射式配电，势必造成低压配电柜出线回路过多，从成本和施工的角度考虑，这不是一个好的选择。因此可以在塔楼的负一层设置一个专用的配电小间（分配电室），用来设置各种用电总箱，以及照明双切箱。从这个配电室开始再进行放射式或树干式配电到各个末端配电箱。

根据《民用建筑电气设计标准》GB 51348—2019

7.1.4 低压配电系统的设计应符合下列规定：

1. 配电变压器二次侧至用电设备之间的低压配电级数不宜超过三级；

2. 各级低压配电箱（柜）宜根据未来发展预留备用回路；

3. 由建筑物外引入的低压电源线路，应在总配电箱（柜）的受电端装设具有隔离和保护功能的电器；

4. 变电所引入的专用回路，在受电端可装设不带保护功能的隔离电器；对于树干式供电系统的配电回路，各受电端均应装设带隔离和保护功能的电器。

关于低压配电级数详见图 8-1。

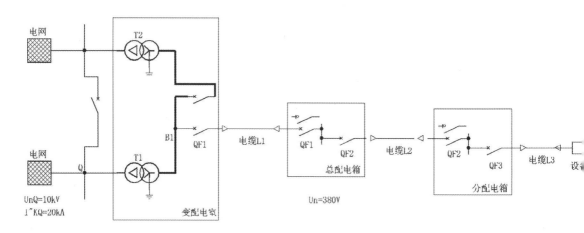

图 8-1　典型低压配电路径图

变配电室处为第一级配电，总配电箱处为第二级配电，分配电箱即末端配电箱为第三级配电，这是最常见的低压配电级数设置，高层住宅建筑的用电总箱即是在第二级配电处设置。规范规定低压配电级数不宜超过三级，因为低压配电级数太多将给开关的选择性动作整定带来困难，但在民用建筑低压配电系统中，很多情况下难以做到这一点，对于非重要负载也可以根据实际需求合理增加一级。

将楼栋的各个配电箱都确定好数量、代号、功率、安装位置之后，可以得到一栋高层住宅楼公区配电的竖向干线图，见图 8-2。关于竖向干线图，有以下几点需要注意。

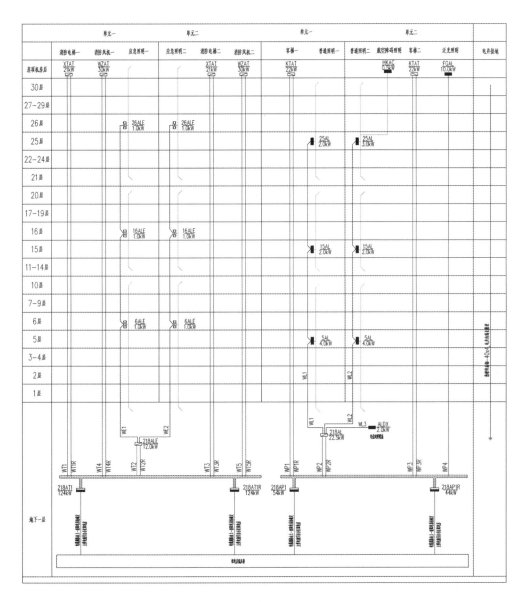

图 8-2　高层住宅楼公区配电竖向干线图

第一，干线图要能清晰地表达一栋楼的整体供电框架，Y 轴列好建筑物层数，X 轴列好各单元和各用电设备名称。

第二，干线系统箱体编号、数量要完整，要与配电箱系统图一致。干线回路编号或回路导线标注要完整、清晰。干线中配电箱位置与平面图中位置应一致，且不缺项。

第三，公共照明箱和应急照明箱分层设置，方便在电井内安装和出线。

第四，一级负荷的主备用电源线路分别用两种线型表示以示区分，各种配电箱箱体图例按照制图标准进行区分，照明箱的供电可以做一个范围表示。

第五，要表达电井接地的设计，一般采用热镀锌扁钢-40x4从塔楼MEB引出进电井内通长敷设接地。

第五节　公区用电总箱系统图和负荷计算

一、消防用电总箱系统图

从竖向干线图中可以看出，消防和非消防负荷各有两个用电总箱，分为主用和备用，见图8-3。

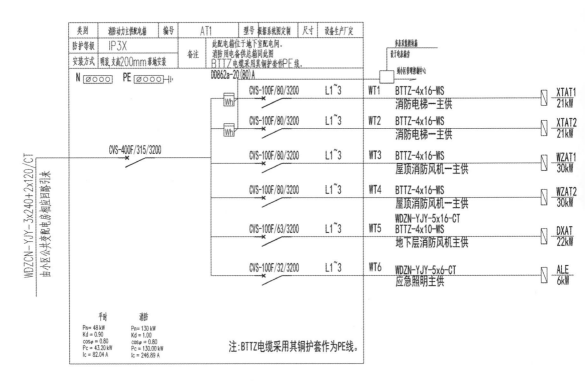

图 8-3　消防用电总箱系统图

消防主用和备用总箱系统图是一样的，只需要将主供修改为备供。塔楼的所有消防设备由此处分配供电。消防用电总箱不需要设置备用回路，因为后期没有增加消防设备的需要，也避免被接入其他非消防设备。注意出线开关与下级配电箱的总开关不需要有级差，不需要有动作选择性，故障情况下两处同跳也不会有何不妥。

每个回路确定后，即可设计相应的管线。线缆穿管选择见《建筑电气常用数据》19DX101-1。注意消防回路须采用 WDZN 线缆且穿金属管，或者在与非消防配电回路共电井敷设的时候采用矿物绝缘电缆。此处采用 BTTZ 的 4 芯电缆，一定要注明"BTTZ 电缆采用其铜护套作为 PE 线"，或采用柔性矿物绝缘电缆。矿物绝缘电缆可以明敷。

根据《低压配电设计规范》GB 50054—2011 中的 6.3.6 条，"过负荷断电将引起严重后果的线路，其过负荷保护不应切断线路，可作用于信号"，以及《民用建筑电气设计标准》GB 51348—2019 中的 7.6.3 条，"对于突然断电比过负荷造成损失更大的线路，不应设置过负荷保护"，消防出线回路的开关需要选用单磁保护型，消防用电总箱的总开关建议也选用单磁保护型。

根据运营需求，电梯回路设置带远传功能的电能表。负荷计算分两种情况：在消防状态下，统计全部的消防负荷，并需要系数取 1；在平时状态下，统计 2 台电梯和应急照明的负荷，并需要系数取 0.91（0.91 取自两台电梯使用频繁的同时系数）。由于所带电动机过多，功率因素可取 0.8 后计算。

二、普通用电总箱系统图

普通用电总箱系统图如图 8-4，需要注意的问题如下。

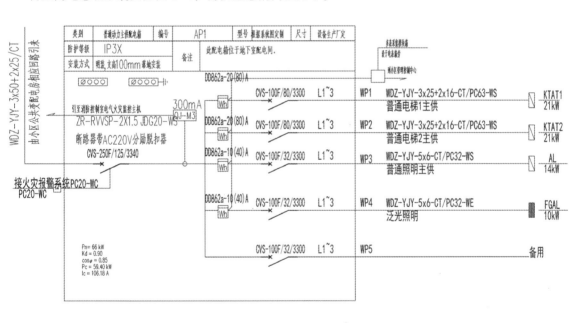

图 8-4　普通用电总箱系统图

第一，普通用电总箱和备用总箱系统图的区别在于，备用总箱没有泛光照明这个回路，或者有其他的特殊用房的供电回路。本书不再单列备用总箱系统图。普通用电总箱都会设置一个备用回路，注意出线开关与下级配电箱的总开关不需要有级差，不需要有动作选择性，故障情况下两处同跳也不会有任何不妥。

第二，每个回路确定后，即可设计相应的管线。线缆穿管选择见《建筑电气常用数据》19DX101-1。

第三，需要设置电气火灾监控系统和设计火灾情况下非消防负荷切除控制，注意监控和联动管线的型号表达。还可以根据《火灾自动报警系统设计规范》GB 50116—2013中9.2节的规定，将电气火灾监控探测器设置在配电房出线处。

第四，根据运营需求，电梯、公共照明和泛光照明回路设置带远传功能的电能表。

第五，负荷计算：此处需要系数取0.85，而不是按两台电梯使用程度频繁情况取0.91，考虑到公共照明负荷值偏大，而其实际使用值偏低，因此可以适当降低此处需要系数值。功率因素取0.8后进行计算即可。

第六，注意塑壳断路器和微型断路器的型号表达。断路器的型号组成、壳架等级和分断能力等知识可以查阅相关产品资料进行了解。一般民用建筑低压配电系统分断能力选用低分断即可。

三、公共照明双切箱系统图

本节内容可参照本书第七章住宅公区电气设计中的相关内容。

四、应急照明双切箱系统图

应急照明是一级负荷，采用双电源供电，可设置一个双切箱为各层的应急照明箱进行馈电，该双切箱即是应急照明总电源箱，见图8-5。

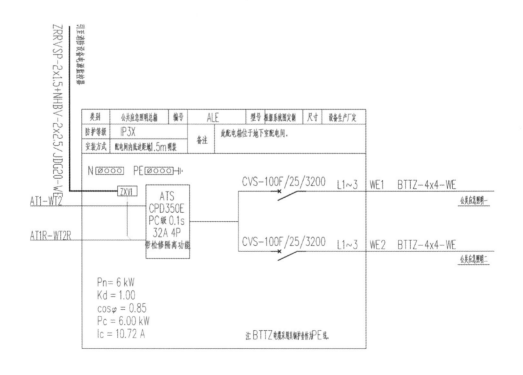

图8-5 应急照明双切箱系统图

单元楼的应急照明一般都采用树干式供电。每个回路确定后，即可设计相应的管线。线缆穿管选择见《建筑电气常用数据》19DX101-1。应急照明双切箱设置在地下室配电小间，而各层应急照明箱设置在电井中，因此应急照明的消防负荷馈电线路应采用矿物绝缘电缆。

应急照明双切箱需要设置消防电源状态监控，注意监控管线型号表达。

另外，应急照明属于消防负荷，此处需要系数按 1 取，照明负荷功率因素取 0.85 后计算即可。

第六节　主进线、双切开关的选取

总箱的进线电缆截面积须根据载流量、电压降、热稳定、保护灵敏度等要求来确定。具体内容详见《工业与民用供配电设计手册》（第四版）、《电力工程电缆设计标准》GB 50217—2018 中的"电缆型式与截面选择"、《低压配电设计规范》GB 50054—2011 中的"3.2 导体的选择"等内容。经过负荷计算确定总开关额定电流后，选环境温度40℃，查《建筑电气常用数据》19DX101-1 可选取合适电缆截面。双切开关选取参见《住宅电梯机房电气设计》第五节。

第七节　配电小间设置

公区用电总箱的安装位置一般选取在靠近塔楼负一层的电井处，在该处设一个专用的配电小间进行放置，如图 8-6。

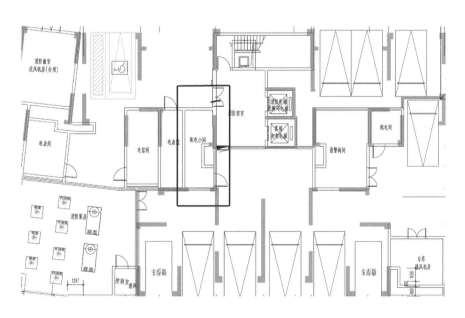

图 8-6　塔楼专用配电间位置图

这是一栋双拼楼，在右侧单元楼负一层的电井位置附近设置一个面积约 $10m^2$ 的配电小间，供两个单元楼的公区动力用电，共设置两台消防用电总箱、两台非消防用电总箱、一台公共照明双切箱和一台应急照明双切箱。注意消防和非消防配电箱在不同侧墙体上安装，总箱在前，分箱在后，这样可使进出线路条理清晰。配电小间内部如图 8-7。

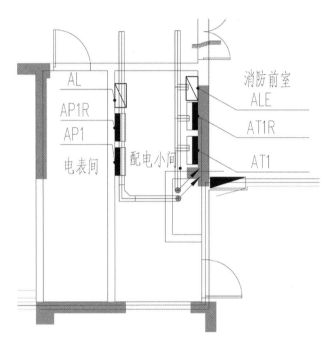

图 8-7　塔楼配电小间内部布置图

注意配电小间不得设置在卫生间或者厨房正下方，以免渗漏水导致电气设备受损。配电小间内应设置 LEB，总箱进线的 PE 线须在此处做重复接地。

住宅建筑公区低压配电主要采用放射式和树干式相结合，首先设计好各个末端配电箱系统图之后再进行竖向干线图的绘制。还要选取一个合适位置做配电小间，安装各个用电总箱。以下几点需要在设计中特别注意：

第一，确定好本楼栋所有的配电箱功率、数量、位置。

第二，竖向干线图要与配电箱系统图、平面图的内容表达一致。

第三，消防用电总箱的负荷计算要根据平时和消防两种情况分别计算。

第四，用电总箱的进线规格要根据实际路由进行相关验算后确定。

第九章 ｜ 住宅电井电气设计

电井是住宅建筑里面一个非常重要的区域，是一条特殊的电气专用通道，为强电、弱电和消防的设备安装、管线敷设提供了安全空间。一般从地下室起，至顶层或机房层止。电井内设备、桥架众多，特别是在强弱电井合用的情况下，各设备更需要做到有序摆放，合理布局。

第一节　设计必备

需要掌握和了解的主要设计规范、标准及行业标准、设计手册：

1.《住宅建筑电气设计规范》JGJ 242—2011

2.《建筑设计防火规范》GB 50016—2014（2018 年版）

3.《民用建筑电气设计标准》GB 51348—2019

4.《低压配电设计规范》GB 50054—2011

5.《电力工程电缆设计标准》GB 50217—2018

6.《民用建筑统一设计标准》GB 50352—2019

7.《交流电气装置的接地设计规范》GB/T 50065—2011

8.《工业与民用供配电设计手册》（第四版）

9.《电气竖井设备安装》04D701-1

10.《等电位联结安装》15D502

11.《建筑电气常用数据》19DX101-1

12.《建筑电气制图标准图示》12DX011

第二节　重要规范内容提要及解读

一、《住宅建筑电气设计规范》JGJ 242—2011 的相关条文

.4 电气竖井布线

7.4.1 电气竖井宜用于住宅建筑供电电源垂直干线等的敷设，并可采取电缆直敷、导管、线槽、电缆桥架及封闭式母线等明敷设布线方式。当穿管管径不大于电气竖井壁厚的 1/3 时，线缆可穿导管暗敷设于电气竖井壁内。

7.4.2 当电能表箱设于电气竖井内时，电气竖井内电源线缆宜采用导管、金属线槽等封闭式布线方式。

7.4.3 电气竖井的井壁应为耐火极限不低于 1h 的不燃烧体。电气竖井应在每层设维护检修门，并宜加门锁或门控装置。维护检修门的耐火等级不应低于丙级，并应向公共通道开启。

7.4.4 电气竖井的面积应根据设备的数量、进出线的数量、设备安装、检修等因素确定。高层住宅建筑利用通道作为检修面积时，电气竖井的净宽度不宜小于 0.8m。

7.4.5 电气竖井内竖向穿越楼板和水平穿过井壁的洞口应根据主干线缆所需的最大路由进行预留。楼板处的洞口应采用不低于楼板耐火极限的不燃烧体或防火材料作封堵，井壁的洞口应采用防火材料封堵。

7.4.6 电气竖井内应急电源和非应急电源的电气线路之间应保持不小于 0.3m 的距离或采取隔离措施。

7.4.7 强电和弱电线缆宜分别设置竖井。当受条件限制需合用时，强电和弱电线缆应分别布置在竖井两侧或采取隔离措施。

7.4.8 电气竖井内应设电气照明及至少一个单相三孔电源插座，电源插座距地宜为 0.5 ~ 1.0m。

7.4.9 电气竖井内应敷设接地干线和接地端子。

　　此处规范内容详细规定了住宅建筑电井的电气做法要求。

二、《建筑设计防火规范》GB50016—2014（2018 年版）的相关条文

10.1.10 消防配电线路应满足火灾时连续供电的需要，其敷设应符合下列规定：

　　1. 明敷时（包括敷设在吊顶内），应穿金属导管或采用封闭式金属槽盒保护，金属导管或封闭式金属槽盒应采取防火保护措施；当采用阻燃或耐火电缆并敷设在电缆井、沟内时，可不穿金属导管或采用封闭式金属槽盒保护；当采用矿物绝缘类不燃性电缆时，可直接明敷。

　　2. 暗敷时，应穿管并应敷设在不燃性结构内，且保护层厚度不应小于 30mm。

　　3. 消防配电线路宜与其他配电线路分开敷设在不同的电缆井、沟内；确有困难需敷设在同一电缆井、沟内时，应分别布置在电缆井、沟的两侧，且消防配电线路应采用矿物绝缘类不燃性电缆。

　　此处规范内容须掌握。

三、《民用建筑电气设计标准》GB 51348—2019 的相关条文

8.11 电气竖井内布线

8.11.1 电气竖井内布线可适用于多层和高层建筑内强电及弱电垂直干线的敷设。可采用金属导管、电缆桥架及母线等布线方式。强电竖井内电缆布线，除有特殊要求外宜优先采用梯架布线。

8.11.2 当暗敷设的竖向配电线路，保护导管外径超过墙厚的 1/2 或多根电缆并排穿梁对结构体有影响时，宜采用竖井布线。竖井的位置和数量应根据建筑物规模，各支线供电半径及建筑物的变形缝位置和防火分区等因素确定，并应符合下列规定：

　　1. 不应和电梯井、管道井共用同一竖井；

　　2. 不应贴邻有烟道、热力管道及其他散热量大或潮湿的设施。

8.11.3 竖井的井壁应为耐火极限不低于 1h 的非燃烧体。竖井在每层楼应设维护检修门并应开向公共走廊，其耐火等级不应低于丙级。竖井内各层钢筋混凝土楼板或钢结构楼板应做防火密封隔离，线缆穿过楼板或井壁应采用与楼板、井壁耐火等级相同的防火堵料封堵。

8.11.4 竖井的井壁上设置集中电表箱、配电箱或控制箱等箱体时，其进线与出线均应穿可弯曲金属导管或钢管保护。

8.11.5 竖井大小除应满足布线间隔及端子箱、配电箱布置所必需尺寸外，进入竖井宜在箱体前留有不小于 0.8m 的操作距离。当建筑物平面受限制时，可利用公共走道满足操作距离的要求，但竖井的进深不应小于 0.6m。

8.11.6 竖井内垂直布线应根据下列因素确定：

　　1. 顶部最大变位和层间变位对干线的影响；

　　2. 电线、电缆及金属保护导管、罩等自重所带来的荷重影响及其固定方式；

　　3. 垂直干线与分支干线的连接方法。

8.11.7 竖井内高压、低压和应急电源的电气线路之间应保持不小于 0.3m 的距离或采取隔离措施，并且高压线路应设有明显标志。

8.11.8 非消防负荷与消防负荷的配电线路共井敷设时，应提高消防负荷配电线路的耐火等级或非消防负荷的配电线路阻燃等级。

8.11.9 强电和弱电线路，宜分别设置竖井。当受条件限制必须合用时，强电和弱电线路应分别布置在竖井两侧，弱电线路应敷设于金属槽盒之内。

8.11.10 高度 250m 及以上的公共建筑，宜增设一个强电竖井，供备用电源线路及应急防灾系统的备份览线使用。当增设强电竖井有困难时，可与弱电增设的竖井合用。

8.11.11 竖井内应设电气照明及单相三孔电源插座。

8.11.12 竖井内应设置接地端子或接地干线。

8.11.13 竖井内不应有与其无关的管道通过。

8.11.14 竖井内各类布线应分别符合本章各节的有关规定。

　　此处规范内容须掌握。

四、《低压配电设计规范》GB 50054—2011 的相关条文

7.7 电气竖井布线

7.7.1 多层和高层建筑内垂直配电干线的敷设，宜采用电气竖井布线。

7.7.2 电气竖井垂直布线时，其固定及垂直干线与分支干线的连接方式，应能防止顶部最大垂直变位和层间垂直变位对干线的影响，以及导线及金属保护管、罩等自重所带来的荷载（荷重）影响。

7.7.3 电气竖井内垂直布线采用大容量单芯电缆、大容量母线作干线时，应符合下列要求：

    1. 载流量要留有裕度；

    2. 分支容易、安装可靠；

    3. 安装及维修方便和造价经济。

7.7.4 电气竖井的位置和数量，应根据用电负荷性质、供电半径、建筑物的沉降缝设置和防火分区等因素确定，并应符合下列规定：

    1. 应靠近用电负荷中心；

    2. 应避免邻近烟囱、热力管道及其他散热量大或潮湿的设施；

    3. 不应和电梯、管道间共用同一电气竖井。

7.7.5 电气竖井的井壁应采用耐火极限不低于 1h 的非燃烧体，电气竖井在每层楼应设维护检修门并应开向公共走廊，检修门的耐火极限不应低于丙级。楼层间应采用防火密封隔离。电缆和绝缘线在楼层间穿钢管时，两端管口空隙应做密封隔离。

7.7.6 同一电气竖井内的高压、低压和应急电源的电气线路，其间距不应小于 300mm 或采取隔离措施，高压线路应设有明显标志。当电力线路和非电力线路在同一电气竖井内敷设时，应分别在电气竖井的两侧敷设或采取防止干扰的措施；对回路线数及种类较多的电力线路和非电力线路，应分别设置在不同电气竖井内。

7.7.7 管路垂直敷设，当导线截面积小于等于 50mm^2、长度大于 30m 或导线截面积大于 50mm^2、长度大于 20m 时，应装设导线固定盒，且在盒内用线夹将导线固定。

7.7.8 电气竖井的尺寸，除应满足布线间隔及端子箱、配电箱布置的要求外，在箱体前宜有大于等于 0.8m 的操作、维护距离。

7.7.9 电气竖井内不应设与其无关的管道。

    此处规范内容须掌握。

五、《电力工程电缆设计标准》GB 50217—2018 的相关条文

5.8 电缆竖井敷设

5.8.1 非拆卸式电缆竖井中，应设有人员活动的空间，且宜符合下列规定：

1. 未超过 5m 高时，可设置爬梯，且活动空间不宜小于 800mm×800mm；

2. 超过 5m 高时，宜设置楼梯，且宜每隔 3m 设置楼梯平台；

3. 超过 20m 高且电缆数量多或重要性要求较高时，可设置电梯。

8.2 钢制电缆竖井内应设置电缆支架，且应符合下列规定：

1. 应沿电缆竖井两侧设置可拆卸的检修孔，检修孔之间中心间距不应大于 1.5m，检修孔尺寸宜与电井的断面尺寸相配合，但不宜小于 400mm×400mm；

2. 电缆竖井宜利用建构筑物的柱、梁、地面、楼板预留埋件进行固定。

8.3 办公楼及其他非生产性建筑物内，电缆垂直主通道应采用专用电缆竖井，不应与其他管线共用。

8.4 在电缆竖井内敷设带皱纹金属套的电缆应具有防止导体与金属套之间发生相对位移的措施。

8.5 电缆支架、梯架或托盘的层间距离及敷设要求应符合本标准第 5.5.2 条的规定。

此处规范内容须掌握。

、《民用建筑统一设计标准》GB 50352—2019 的相关条文

3.5 电气竖井的设置应符合下列规定：

1. 电气竖井的面积、位置和数量应根据建筑物规模、使用性质、供电半径和防火分区等因素确定，每层设置的检修门应开向公共走道。电气竖井不宜与卫生间等潮湿场所相贴邻。

2.250.0m 及以上的超高层建筑应设 2 个及以上强电竖井，宜设 2 个及以上弱电竖井。

3. 电气竖井井壁、楼板及封堵材料的耐火极限应根据建筑本体耐火极限设置，检修门应采用不低于丙级的防火门。

4. 设有综合布线机柜的弱电竖井宜大于 5.0m²；采用对绞电缆布线时，其距最远端信息点的布线距离不宜大于 90.0m。

此处规范内容须掌握。

第三节　确定电井尺寸和位置

电井尺寸实际应当按井内各设备和桥架的尺寸进行精确定位后合理确定，但是住宅建筑的电井一般由建筑专业在进行户型设计的时候给定，电井的大小和位置由建筑专业在平面布置空间调配后，进行合理确定，因此在建筑专业给定电井后，电气专业还是要对电井进行复核。主要复核以下几点：

第一，对建筑专业给定的电井尺寸进行大致设备布置，以核实能否满足电气专业的要求。电井的尺寸以满足实际设备布置需求为准，适当考虑检修和操作的方便，因此规范对电井的尺寸也都是宜条的规定。根据《电力工程电缆设计标准》GB 50217—2018：

5.8.1 非拆卸式电缆竖井中，应设有人员活动的空间，且宜符合下列规定：

1. 未超过5m高时，可设置爬梯，且活动空间不宜小于800mm×800mm。

根据实际工程经验，电井深度不宜小于800mm，不得小于600mm。一般深度减小的同时，宽度则需要增加。电井过于狭窄，不便于设备安装和后期检修维护，因此此处建议深度不得小于600mm。某些地方要求电表箱可以安装在电井内，而且会规定电井最小尺寸，那么则应按地方要求来设计，见图9-1、图9-2。

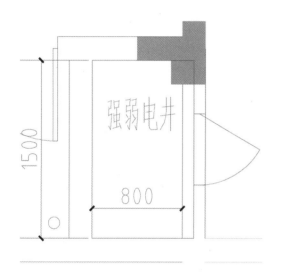

图9-1 强弱电井（800mm×1500mm）

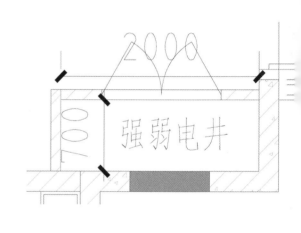

图9-2 强弱电井（700mm×2000mm）

第二，核对标准层电井位置。

根据《民用建筑电气设计标准》GB 51348—2019中的8.11.2条以及《民用建筑设计统一标准》GB 50352—2019中的8.3.5条内容来核对电井位置，主要关注烟道和卫生间是否与电井贴邻。如果条件受限必须与烟道贴邻，则建议做双墙隔开。

《民用建筑电气设计标准》GB 51348—2019

8.11.2 当暗敷设的竖向配电线路，保护导管外径超过墙厚的1/2或多根电缆并排穿梁对结构体有影响时宜采用竖井布线。竖井的位置和数量应根据建筑物规模、各支线供电半径及建筑物的变形缝位置和防火分区等因素确定，并应符合下列规定：

1. 不应和电梯井、管道井共用同一竖井;

2. 不应贴邻有烟道、热力管道及其他散热量大或潮湿的设施。

《民用建筑设计统一标准》GB 50352—2019

8.3.5 电气竖井的设置应符合下列规定:

1. 电气竖井的面积、位置和数量应根据建筑物规模、使用性质、供电半径和防火分区等因素确定,每层设置的检修门应开向公共走道。电气竖井不宜与卫生间等潮湿场所相贴邻。

第三,核对首层电井位置。某些楼栋由于建筑布局需要,首层电井和标准层的电井并非上下直通,而是产生了错位。这种情况下,主要核对首层电井与标准层电井的转接是否方便,尽量保证首层电井和二层电井在同一侧,要避免桥架跨越大堂或者电梯厅,要避免和水专业管路交叉。这种情况下,考虑能否和水井对换位置,以使布置更优。

第四,核对屋顶层电井。住宅建筑屋顶层是否要设置电井?由于住宅建筑屋顶没有其他用电设备,无其他配电箱等需要安装,因此一般住宅电井不需要通出屋顶层。电井毗邻机房时,在不影响建筑立面效果的情况下,为方便机房设备电源进线,可以考虑将电井通出屋顶层。

第四节 电井大样及开孔图设计

一、电井内部布局原则

第一,桥架分侧。根据《住宅建筑电气设计规范》JGJ 242—2011 中的 7.4.7 条:"强电和弱电线缆宜分别设置竖井。当受条件限制需合用时,强电和弱电线缆应分别布置在竖井两侧或采取隔离措施。"也就是强电和弱电桥架应分侧布置。

根据《建筑设计防火规范》GB 50016—2014(2018 年版)中的 10.1.10 条 3 款:"消防配电线路宜与其他配电线路分开敷设在不同的电缆井、沟内;确有困难需敷设在同一电缆井、沟内时,应分别布置在电缆井、沟的两侧,且消防配电线路应采用矿物绝缘类不燃性电缆。"

因此,矿物绝缘电缆应单独一侧布置。强电桥架、弱电桥架、矿物绝缘电缆应各自分侧布置。一般弱电桥架和火灾自动报警桥规格较小,可在同一侧布置。

第二,设备箱分层。桥架分侧布置后,电井门正对面的宽敞区域就是设备箱的安装区间。首先,公共照明箱和应急照明箱分层布置,然后智能化和弱电设备箱再与强电箱分层布置。如果电井内需要安装电表箱,则电表箱根据尺寸大小布置在电井门正对面,并排安装的强电和弱电设备箱或桥架之间要间隔 300mm。

二、电井大样图

根据电井内设备桥架的布置原则，参考图集《电气竖井设备安装》04D701-1，按照建筑专业提供的电井平面来设计电井大样图。大样图要对电井内各个设备进行详细的标注，如图9-3。

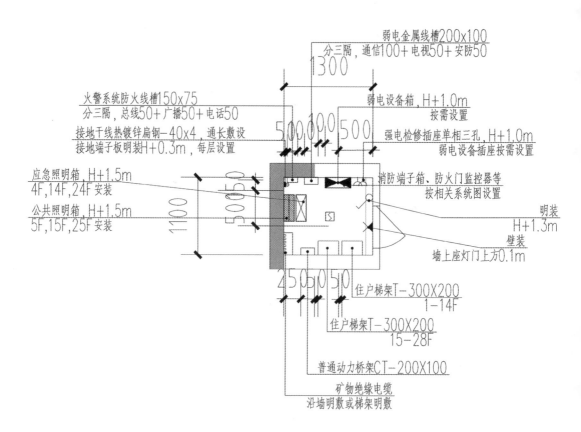

图9-3　电井大样图

三、电井开孔图

桥架和矿物绝缘电缆是在各层电井内上下贯通安装，因此各层电井底板要开孔留洞，如图9-4。根据电井大样图中桥架和矿物绝缘电缆的安装位置，尽量开孔整齐，不要异形。然后，注明尺寸和开孔留洞层数，同时设计说明中要有关于电井开洞后进行防火封堵的内容表达，电井开孔要提资给建筑结构专业。

四、电井内设备安装注意事项

竖井内配电箱、电表箱明装，位置、高度视安装检修及抄表方便等因素确定。一般距地1.0～1.5均可。

竖井内开关、插座明装，H+1.3m（井道内插座与强弱电箱交叉时，插座安装高度改为0.5m）。强电井内每层设检修插座一个，弱电井内根据实际设备的需求布置电源插座。强弱电共井时，每层修插座一个，弱电设备电源插座按需设置。电井壁灯在电井内门口正上方 0.1m 壁装。

BTTZ-1X16 的直径约 9mm，BTTZ-1X25 的外径约 10mm，统一按 10mm 计算，间隔 De=10mm 排列，消防电梯 8 根、消防风机 8 根，共 16 根，总宽度需要 330mm。因此需要单独一面墙安装 BTTZ 电缆，一般选择在电井门的左右侧墙。若采用柔性矿物绝缘电缆，则采用桥架敷设。

注意电井门口上方的梁（如电井开孔图），一般电井门口的墙在只做 100mm 厚的情况下，上面有粗线表示梁的存在，因此注意上下贯通的桥架、BTTZ 电缆等，要避开梁的位置布置。

电井内需要通长敷设接地干线，采用热镀锌扁钢 −40×4，每层设接地端子板。

一个标注清晰、布局合理的电井大样图将对电井内部施工起到准确的指导作用，在设计时要对电井内所安装的设备进行统计，并且桥架规格要经过计算确定，这样才能确定合适的电井布局。以下几项需要在设计中特别注意：

第一，需要确定电井位置和尺寸是否合适。

第二，合理布置电井内的设备桥架，文字标注要详细。

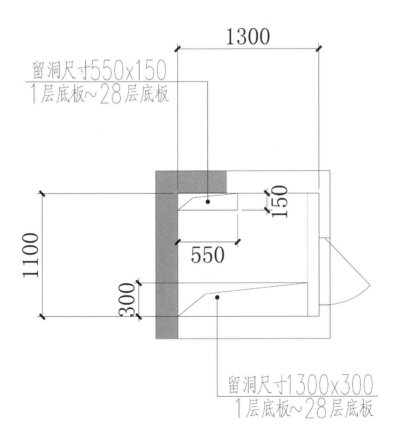

图 9-4　电井开孔图

第十章 ｜ 住宅可视对讲及门禁系统设计

　　住宅可视对讲系统是指利用图像和声音来识别来访客人、控制门锁、呼叫电梯等，或室内安防功能设置，遇到紧急情况向管理中心发送求助、求援信号，管理中心亦可向住户发布信息的设备集成，主要由后台管理主机、单元门口机、户内机及相关网络设备等组成。目前，绝大多数可视对讲系统采用的都是数字可视对讲系统，适用于 TCP/IP 方式传输声音、资料及影像等信号，系统集成功能强大，布线工程简单。塔楼的门禁系统是在能进入塔楼各层的出入口处设置读卡器、电控锁等设备，起到出入管理、安全防范的作用。

第一节　设计必备

需要掌握和了解的主要设计规范、标准及行业标准、设计手册如下：

1.**《住宅建筑电气设计规范》JGJ 242—2011**

2.**《民用建筑电气设计标准》GB 51348—2019**

3.《安全防范工程技术标准》GB 50348—2018

4.《入侵报警系统工程设计规范》GB 50394—2007

5.《智能建筑设计标准》GB 50314—2015

6.《住宅设计规范》GB 50096—2011

7.**《安全防范系统设计与安装》06SX503**

8.**《住宅小区建筑电气设计与施工图集》12DX603**

标粗字体的规范为重点规范，与规范或标准相关的条文将在后续内容中进行详细说明。

第二节　重要规范内容提要及解读

一、《住宅建筑电气设计规范》JGJ 242—2011 的相关条文

11.6 信息导引及发布系统

.6.1 智能化的住宅建筑宜设置信息导引及发布系统。

.6.2 信息导引及发布系统应能对住宅建筑内的居民或来访者提供告知、信息发布及查询等功能。

.6.3 信息显示屏可根据观看的范围、安装的空间位置及安装方式等条件，合理选定显示屏的类型及
寸。各类显示屏应具有多种输入接口方式。信息显示屏宜采用单向传输方式。

.6.4 供查询用的信息导引及发布系统显示屏，应采用双向传输方式。

.8 家居控制器

.8.1 智能化的住宅建筑可选配家居控制器。

.8.2 家居控制器宜将家居报警、家用电器监控、能耗计量、访客对讲等集中管理。

.8.3 家居控制器的使用功能宜根据居民需求、投资、管理等因素确定。

.8.4 固定式家居控制器宜暗装在起居室便于维修维护处，箱底距地高度宜为 $1.3 \sim 1.5m$。

.8.5 家居报警宜包括火灾自动报警和入侵报警，设计要求可按本规范第 14.2、14.3 节的有关规定执行。

.8.6 当采用家居控制器对家用电器进行监控时，两者之间的通信协议应兼容。

.8.7 访客对讲的设计要求可按本规范第 14.3 节的有关规定执行。

.3.5 家庭安全防范系统的设计应符合下列规定：

1. 访客对讲系统应符合下列规定：

1) 主机宜安装在单元入口处防护门上或墙体内，室内分机宜安装在起居室（厅）内，主机和室内
机底边距地宜为 $1.3 \sim 1.5m$；

2) 访客对讲系统应与监控中心主机联网。

2. 紧急求助报警装置应符合下列规定：

1) 每户应至少安装一处紧急求助报警装置；

2) 紧急求助信号应能报至监控中心；

3) 紧急求助信号的响应时间应满足国家现行有关标准的要求。

3. 入侵报警系统应符合下列规定：

1) 可在住户套内、户门、阳台及外窗等处，选择性地安装入侵报警探测装置；

2) 入侵报警系统应预留与小区安全管理系统的联网接口。

住宅建筑宜设置信息发布系统。11.8 节规定了家居控制器，即我们常说的可视对讲户内机应具备
主要功能，主要是访客对讲功能、户内入侵报警功能，以及户内火灾自动报警功能。注意，在条文中，
急求助报警装置是每户至少安装一处，紧急求助信号的响应时间应不大于 2s。入侵报警系统的点位
以选择性地安装。

二、《民用建筑电气设计标准》GB 51348—2019 的相关条文

14.7 楼宇对讲系统

14.7.1 楼宇对讲系统宜由访客呼叫机、用户接收机、管理机、电源等组成。

14.7.2 楼宇对讲系统设计宜符合下列规定：

　　1. 别墅宜选用访客可视对讲系统；多幢别墅统一物业管理时，宜选用数字联网式访客可视对讲系统；

　　2. 住宅小区和单元式公寓应选用联网式访客（可视）对讲系统；

　　3. 有楼宇对讲需求的其他民用建筑宜设置楼宇对讲系统；

　　4. 管理机可监控访客呼叫机并可与用户接收机双向对讲，管理机应具有优先通话功能，宜具有设备管理和权限管理功能；

　　5. 访客呼叫机应具有密码开锁功能，宜具有识读感应卡开锁功能；

　　6. 用户接收机应具有与访客呼叫机、管理机双向对讲功能，遥控开锁功能，宜具有报警求助功能和监视功能；

　　7. 楼宇对讲系统应具有与安防监控中心联网的接口，用户接收机报警求助信号应能直接传至管理机，报警求助信号宜同时传至安防监控中心。

14.7.3 访客呼叫机和用户接收机安装宜符合下列规定：

　　1. 访客呼叫机宜安装在入口防护门上或入口附近墙体上，安装高度底边距地宜为 1.3m；

　　2. 用户接收机宜安装在过厅侧墙或起居室墙上，安装高度底边距地宜为 1.3m。

　　此处为应熟悉内容。

三、《住宅设计规范》GB 50096—2011 的相关条文

8.7.8 住宅建筑宜设置安全防范系统。

8.7.9 当发生火警时，疏散通道上和出入口处的门禁应能集中解锁或能从内部手动解锁。

　　此处强条需要特别重视，在火灾自动报警平面图和系统图上应有联动设计表达，且在设计说明里面也应有此内容。

四、《安全防范工程技术标准》GB 50348—2018 的相关条文

6.4.11 楼寓对讲系统应能使被访人员通过（可视）对讲方式确认访客身份，控制开启出入口门锁，实现建筑物（群）出入口的访客控制与管理。

6.4.12 楼寓对讲系统设计内容应包括对讲、可视、开锁、防窃听、告警、系统管理、报警控制及管理、无线扩展终端、系统安全等，并应符合下列规定：

1. 访客呼叫机与用户接收机之间、多台管理机之间、管理机与访客呼叫机之间、管理机与用户接收机之间应具有双向对讲功能；系统应限制通话时长以避免信道被长时间占用；

2. 具有可视功能的用户接收机应能显示由访客呼叫机采集的视频图像；视频采集装置应具有自动补光功能；

3. 应能通过用户接收机手动控制开启受控门体的电锁；应能通过访客呼叫机让有权限的用户直接开锁；应根据安全管理的实际需要，选择是否允许通过管理机控制开启电锁；

4. 系统在通话过程中，语音不应被其他非授权用户窃听；

5. 当系统受控门开启时间超过预设时长、访客呼叫机防拆开关被触发时，应有现场告警提示信息；具有高安全需求的系统还应向管理中心发送告警信息；

6. 管理机应具有设备管理和权限管理功能，宜具有通行事件管理、数据备份及恢复、信息发布等功能；

7. 具有报警控制及管理功能的系统，报警控制和管理功能应满足国家现行有关标准的要求；

8. 用户接收机可外接无线扩展终端，实现与用户接收机／访客呼叫机等设备的对讲、视频图像显示、接收报警信息等功能；

9. 除已采取了可靠的安全管控措施外，不应利用无线扩展终端控制开启入户门锁以及进行报警控制管理。

安全防范系统集成了各个子系统，目前住宅的户内可视对讲系统集成了可视对讲功能、入侵报警功能、紧急求助功能、安全检测等功能，后文会详细分析。

第三节　可视对讲及门禁系统设计

一、接收相关专业条件

建筑专业：主要接收建筑专业的平面图纸。

甲方要求：甲方对于可视对讲和户内安防系统的要求。

厂家资料：了解一些知名厂家的产品资料。

二、户内机管路设计

在入户门附近布置好户内机，距地 1.3m 安装，布置好门铃、门磁、客厅红外探测、主卧报警按钮，这些是按照规范要求的最低配置。除此之外，户内还可以布置窗磁、客厅或其他卧室报警按钮、厨房可燃气体探测器、摄像头、智能门锁等其他智能家居设备，并绘制好接线示意图和户内平面图，如图10-1、图10-2。

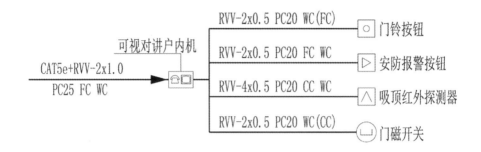

图 10-1　可视对讲户内机接线示意图

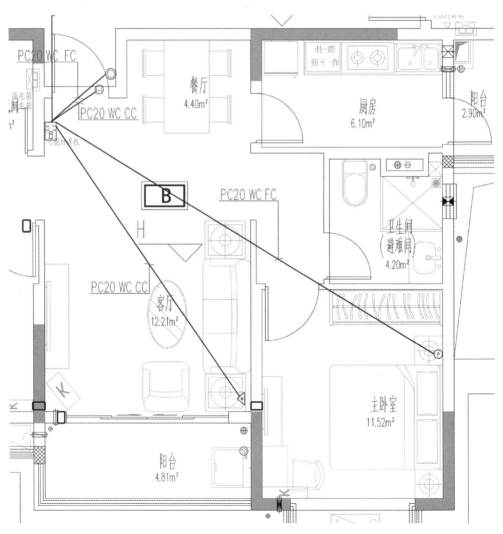

图 10-2　可视对讲户内接线平面图

三、单元门口机管路设计

单元门口机首选设置在进门方向的右手侧，距地 1.4m 立柱安装或挂墙安装，如图 10-3、图 10-4。

注意，从电井至门口主机需要敷设两根管，其中一根是给火警系统联动控制单元门口机解锁开门、敷设线路用的。单元机的供电电源设置在同层电井内，由第一个公共照明箱提供供电回路即可。

四、门禁管路设计

从后门上楼梯的入口必须设置门禁，因为能直通上面各层。如果下地下室的楼梯经过了地下室电梯厅，则该入口必须设置门禁，因为可以下地下室后再乘电梯到达上面各层。反之，没有经过地下室电梯厅，而是直通地下室公共区域，则该入口不需要设置门禁。门禁的供电电源设置在同层电井内，由第一个公共照明箱提供供电回路，如图 10-5。

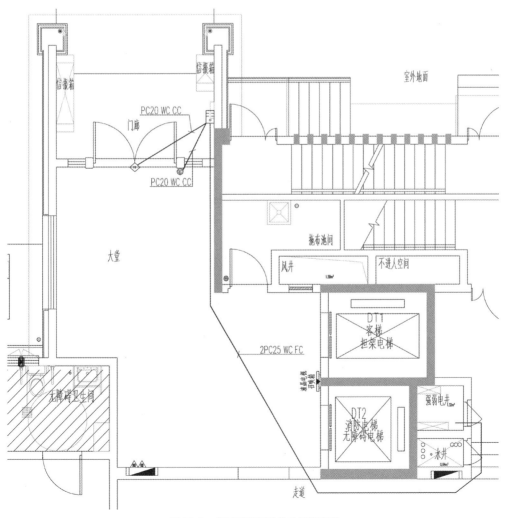

图 10-3 首层可视对讲单元机管路图

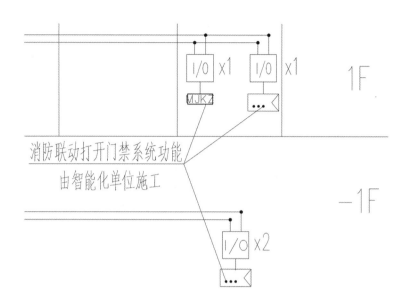

图 10-4 消防联动打开门禁系统图

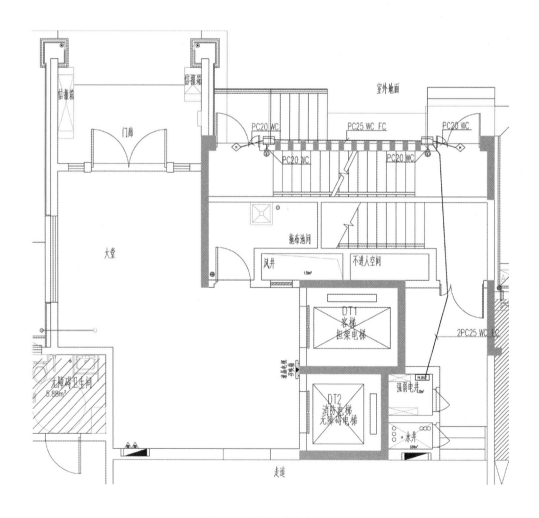

图 10-5 首层门禁管路图

五、系统设计

可视对讲系统和门禁系统合并在一起设计，在首层设置门禁控制器，管理各出入口门禁和单元门口机。各层设置管理器，分别通信管理各层户内机，系统图如图 10-6。

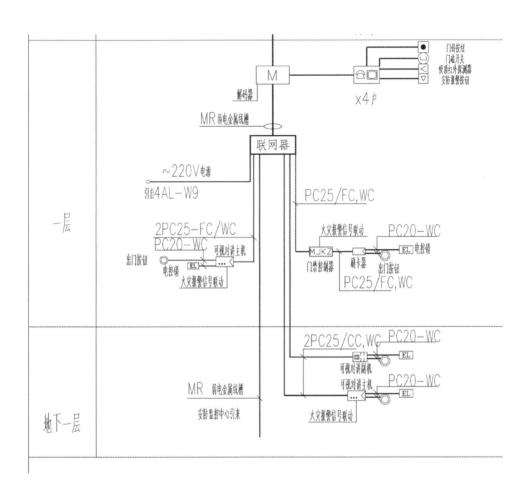

图 10-6　可视对接与门禁系统图

门禁系统的电源表达到位，与安防监控中心的路由表达到位，各管路设计表达到位。可以将各线路的型号规格标注到位。应特别注意火灾报警系统联动打开出入口门的要求，在系统图设计中也要有表示。

住宅的信息发布系统比较简单，一般在首层和地下层的电梯厅位置预留信息点位即可。注意，在信息点位边上也要预留电源底盒，如图 10-7、图 10-8。

可视对讲及门禁系统在建筑主体设计阶段主要进行管路设计，各管路预留预埋到位即可，后期有专业公司根据实际产品选型来进行深化设计，若有需要也可以进行一定深度的线路和系统设计，以满足审查和业主要求。

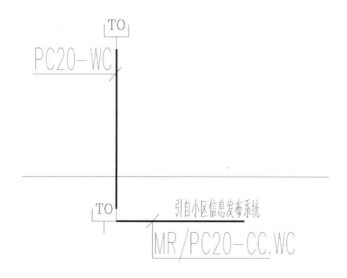

图 10-7　信息点位预留图

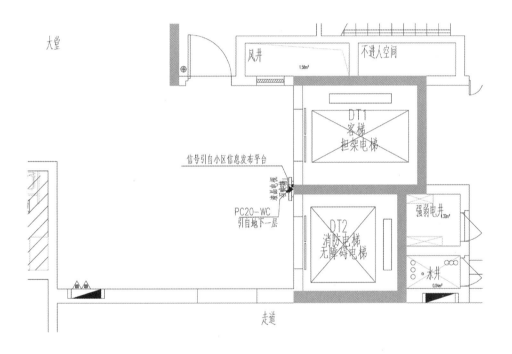

图 10-8 信息点位预留图

第十一章 | 住宅视频监控系统设计

　　住宅视频监控是安防系统的重要组成部分，在主要出入口、大堂、走道、地下室等重要部位设置摄像机进行有效的监控，可以保证小区人和物的安全。住宅楼一般在首层大堂入口、楼顶楼梯间设置摄像机，还有为防止高空抛物而在楼顶边缘处设置的摄像机。电梯轿厢内的监控和五方对讲功能由电梯厂家自带配置，轿厢监控接入小区视频监控系统。

第一节　设计必备

需要掌握和了解的主要设计规范、标准及行业标准、设计手册如下：

1.**《住宅建筑电气设计规范》JGJ 242—2011**

2.**《民用建筑电气设计标准》GB 51348—2019**

3.**《视频安防监控系统工程设计规范》GB 50395—2007**

4.《安全防范工程技术标准》GB 50348—2018

5.《电梯制造与安装安全规范》GB 7588—2003

6.《民用闭路监视电视系统工程技术规范》GB 50198—2011

7.《智能建筑设计标准》GB 50314—2015

8.**《住宅小区建筑电气设计与施工图集》12DX603**

标粗字体的规范为重点规范，与规范或标准相关的条文将在后续内容中进行详细说明。

第二节　重要规范内容提要及解读

一、《住宅建筑电气设计规范》JGJ 242—2011 的相关条文

14.3.4 公共区域安全防范系统的设计应符合下列规定：

　　2.视频安防监控系统应符合下列规定：

　　1)住宅建筑的主要出入口、主要通道、电梯轿厢、地下停车库、周界及重要部位宜安装摄像机；

2）室外摄像机的选型及安装应采取防水、防晒、防雷等措施；

3）应预留与住宅建筑安全管理系统的联网接口。

这是住宅建筑设置视频监控的大致要求。

二、《民用建筑电气设计标准》GB 51348—2019 的相关条文

14.3 视频安防监控系统

14.3.1 视频监控摄像机的设防应符合下列规定：

1. 周界宜配合周界入侵探测器设置监控摄像机；

2. 公共建筑地面层出入口、门厅（大堂）、主要通道、电梯轿厢、停车库（场）行车道及出入口等应设置监控摄像机；

3. 建筑物楼层通道、电梯厅、自动扶梯口、停车库（场）内宜设置监控摄像机；

4. 建筑物内重要部位应设置监控摄像机；超高层建筑的避难层（间）应设置监控摄像机；

5. 安全运营、安全生产、安全防范等其他场所宜设置监控摄像机；

6. 监控摄像机设置部位宜符合表 14.3.1 的规定。

住宅的视频监控设置要求比较简单，主要在小区和楼栋大堂的出入口以及电梯轿厢设置即可。当然也可以根据实际需求进行扩展设计。

三、《视频安防监控系统工程设计规范》GB 50395—2007 的相关条文

.0.1 视频安防监控系统应对需要进行监控的建筑物内（外）的主要公共活动场所、通道、电梯（厅）、重要部位和区域等进行有效的视频探测与监视，图像显示、记录与回放。

.0.1 系统供电除应符合现行国家标准《安全防范工程技术规范》GB 50348 的相关规定外，还应符合以下规定：

1. 摄像机供电宜由监控中心统一供电或由监控中心控制的电源供电。

2. 异地的本地供电，摄像机和视频切换控制设备的供电宜为同相电源，或采取措施以保证图像同步。

3. 电源供电方式应采用 TN-S 制式。

本规范内容还有关于视频监控系统架构和相关设备选型的内容，需要详细理解并掌握。

四、《安全防范工程技术标准》GB 50348—2018 的相关条文

《安全防范工程技术标准》GB 50348—2018

4.4 视频监控系统应对监控区域和目标进行实时、有效的视频采集和监视，对视频采集设备及其信息

建设项目 部位	旅馆 建筑	商店 建筑	办公 建筑	交通 建筑	住宅 建筑	观演 建筑	文化 建筑	医院 建筑	体育 建筑	教育 建筑
车行人行 出入口	★	★	★	★	★	★	★	★	★	★
主要通道	★	★	★	★	☆	★	★	★	★	★
大堂	★	☆	★	★	★	★	★	★	★	★
总服务台、 接待处	★	★	☆	★	☆	☆	☆	★	★	☆
电梯厅、扶 梯、楼梯口	☆	☆	☆	★	—	☆	☆	★	★	☆
电梯轿厢	★	★	★	★	☆	★	☆	★	★	★
售票、 收费处	★	★	★	★	—	★	★	★	★	★
卸货处	☆	★	—	★	—	★	★	☆	—	—
多功能厅	☆	☆	△	☆	—	☆	☆	☆	☆	△
重要部位	★	★	★	★	☆	★	★	★	★	☆
避难层	★	—	★	★	★	—	—	—	—	—
物品存放场 所出入口	★	★	☆	★	—	★	★	☆	★	△
检票、 检查处	—	—	—	★	—	★	★	—	★	—
停车库(场)、 行车道	★	★	★	★	☆	★	★	★	★	☆
营业厅、 等候区	☆	☆	☆	★	—	☆	☆	☆	☆	☆
正门外周围、 周界	☆	☆	☆	☆	☆	☆	☆	△	☆	☆

表 14.3.1 监控摄像机设置部位要求

注：★应设置摄像机的部位；☆宜设置摄像机的部位；△可设置或预埋管线部位；–无此部位或不必设置。

进行控制，对视频信息进行记录与回放，监视效果应满足实际应用需求。

6.4.5 视频监控系统设计内容应包括视频／音频采集、传输、切换调度、远程控制、视频显示和声音展示、存储／回放／检索、视频／音频分析、多摄像机协同、系统管理、独立运行、集成与联网等，并应符合下列规定：

1. 视频采集设备的监控范围应有效覆盖被保护部位、区域或目标，监视效果应满足场景和目标特征识别的不同需求。视频采集设备的灵敏度和动态范围应满足现场图像采集的要求。

2. 系统的传输装置应从传输信道的衰耗、带宽、信噪比、误码率、时延、时延抖动等方面，确保视频图像信息和其他相关信息在前端采集设备到显示设备、存储设备等各设备之间的安全有效及时传递。视频传输应支持对同一视频资源的信号分配或数据分发的能力。

3. 系统应具备按照授权实时切换调度指定视频信号到指定终端的能力。

4. 系统应具备按照授权对选定的前端视频采集设备进行PTZ实时控制和（或）工作参数调整的能力。

5. 系统应能实时显示系统内的所有视频图像，系统图像质量应满足安全管理要求。声音的展示应满足辨识需要。显示的图像和展示的声音应具有原始完整性。

6. 存储／回放／检索应符合下列规定：

1）存储设备应能完整记录指定的视频图像信息，其容量设计应综合考虑记录视频的路数、存储格式、存储周期长度、数据更新等因素，确保存储的视频图像信息质量满足安全管理要求；

2）视频存储设备应具有足够的能力支持视频图像信息的及时保存、连续回放、多用户实时检索和数据导出等；

3）视频图像信息宜与相关音频信息同步记录、同步回放。

7. 防范恐怖袭击重点目标的视频图像信息保存期限不应少于90天，其他目标的视频图像信息保存期限不应少于30天。

8. 系统可具有场景分析、目标识别、行为识别等视频智能分析功能。系统可具有对异常声音分析及警的功能。

9. 系统可设置多台摄像机协同工作。

10. 系统应具有用户权限管理、操作与运行日志管理、设备管理和自我诊断等功能。

11. 安全防范系统的其他子系统和安全防范管理平台（非依赖于视频监控系统的安全防范管理平台）的故障均应不影响视频监控系统的运行；视频监控系统的故障应不影响安全防范系统其他子系统的运行。

12. 系统应具有与其他子系统集成和进行多级联网的能力。

注意这个视频存储期限不应小于30天的要求，这是黑体强条，设计说明中一定要有。其他强条内容建议也在设计说明中补充完整。

五、《电梯制造与安装安全规范》GB 7588—2003 的相关条文

5.10 紧急解困

如果在井道中工作的人员存在被困危险，而又无法通过轿厢或井道逃脱，应在存在该危险处设置报警装置。

该报警装置应符合 14.2.3.2 和 14.2.3.3 的要求。

8.17.4 应有自动再充电的紧急照明电源，在正常照明电源中断的情况下，它能至少供 1W 灯泡用 1h。在正常照明电源一旦发生故障的情况下，应自动接通紧急照明电源。

14.2.3 紧急报警装置

14.2.3.1 为使乘客能向轿厢外求援，轿厢内应装设乘客易于识别和触及的报警装置。

14.2.3.2 该装置的供电应来自 8.17.4 中要求的紧急照明电源或等效电源。

注：14.2.3.2 不适用于轿内电话与公用电话网连接的情况。

14.2.3.3 该装置应采用一个对讲系统以便与救援服务持续联系。在启动此对讲系统之后，被困乘客应不必再做其他操作。

电梯应设置五方对讲系统，实现机房、轿厢顶、轿厢、底坑、监控中心五处之间的对讲。

第三节　视频监控系统设计

一、接收相关专业条件

建筑专业：主要接收建筑专业的平面图纸。

甲方要求：甲方对视频监控的设置要求。

厂家资料：了解一些知名厂家的产品资料。

二、首层大堂监控设计

首层大堂的摄像机正对大门口设置，能清晰地拍摄进入楼内的人像画面，壁装距地 2.4m。根据需要还可以在地下室各层电梯厅、楼梯间顶部平台等处设置摄像机，如图 11-1、图 11-2。

三、视频监控系统设计

根据平面图布置好的监控摄像机位置确定，如图 11-3。

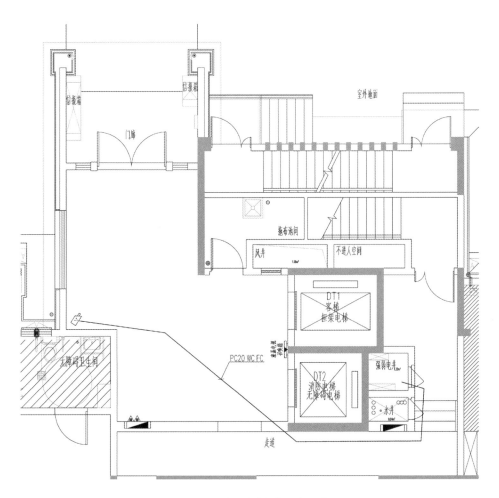

图 11-1 首层大堂摄像机布置图

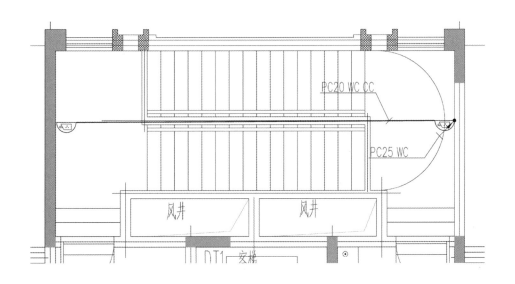

图 11-2 屋顶楼梯间摄像机布置图

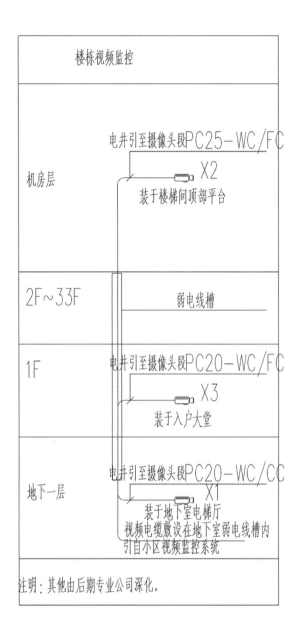

图 11-3　视频监控系统图

　　视频监控摄像机的管路表达到位，可由后期专业公司深化线路，也可以将各线路的型号规格标注到位。

第四节　电梯轿厢监控和五方对讲设计

平面图如图 11-4。

系统图如图 11-5。

电梯的轿厢监控和五方对讲都由电梯厂家自行配置完成，需要从监控中心放监控通信线缆到机房，后期由专业公司和电梯厂家共同深化完成，前期土建设计阶段预留好管路即可。

视频监控系统在建筑主体设计阶段主要进行管路设计，各管路预留预埋到位即可，后期由专业公司根据实际产品选型来进行深化设计。若有需要也可以进行一定深度的线路和系统设计，以满足审查和业主要求。

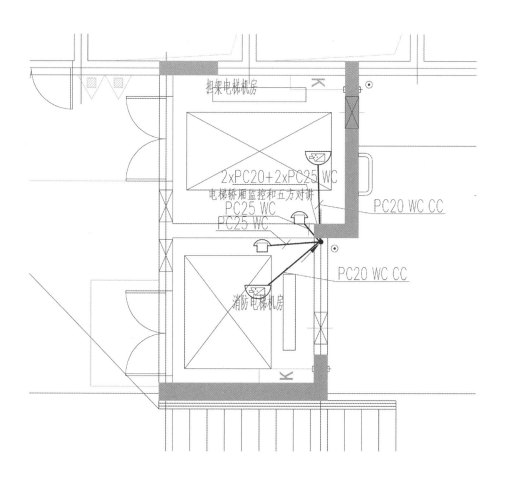

图 11-4　电梯轿厢监控和五方对讲管路图

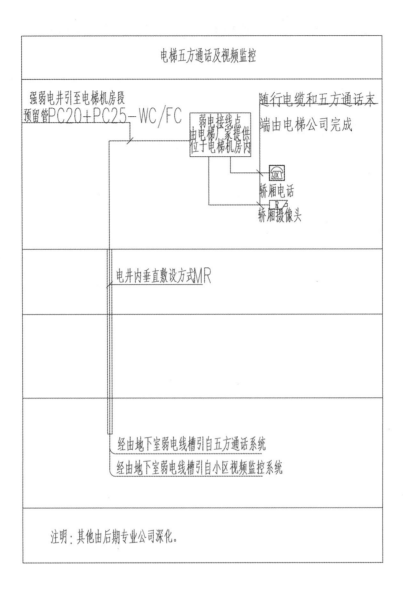

图 11-5 电梯轿厢监控和五方对讲系统图

第十二章｜住宅三网融合系统设计

住宅三网是指电视、电话和网络三个系统。住宅建筑户内目前安装的电话插座、电视插座、信息插座，功能相对来说比较单一，随着物联网的发展，三网融合的实现，住宅建筑里电视、电话、信息插座的功能会更加多样化，各运营商也会给居民提供更多、更好的信息资源服务。设计人员在设计三网进户时，一定要与当地三网融合的实际程度相适应。目前，采用的多是光纤到户（FTTH）模式，后期由有广电或通信资质的专业公司来进行深化设计施工。

第一节　设计必备

需要掌握和了解的主要设计规范、标准及行业标准、设计手册如下：

1.**《住宅建筑电气设计规范》JGJ 242—2011**

2.**《住宅区和住宅建筑内光纤到户通信设施工程设计规范》GB 50846—2012**

3.**《综合布线系统工程设计规范》GB 50311—2016**

4.《有线电视网络工程设计标准》GB/T 50200—2018

5.《智能建筑设计标准》GB 50314—2015

6.《住宅设计规范》GB 50096—2011

7.《建筑物电子信息系统防雷技术规范》GB 50343—2012

8.《住宅通信综合布线系统》YD/T 1384—2005

9.**《住宅小区建筑电气设计与施工图集》12DX603**

10.《有线电视系统》03X401-2

11.各地方标准

标粗字体的规范为重点规范，与规范或标准相关的条文将在后续内容中进行详细说明。

第二节　重要规范内容提要及解读

一、《住宅建筑电气设计规范》JGJ 242—2011 的相关条文

11.2 有线电视系统

11.2.1 住宅建筑应设置有线电视系统，且有线电视系统宜采用当地有线电视业务经营商提供的运营方式。

11.2.2 每套住宅的有线电视系统进户线不应少于 1 根，进户线宜在家居配线箱内做分配交接。

11.2.3 住宅套内宜采用双向传输的电视插座。电视插座应暗装，且电视插座底边距地高度宜为 0.3～1.0m。

11.2.4 每套住宅的电视插座装设数量不应少于 1 个。起居室、主卧室应装设电视插座，次卧室宜装设电视插座。

11.2.5 住宅建筑有线电视系统的同轴电缆宜穿金属导管敷设。

11.3 电话系统

11.3.1 住宅建筑应设置电话系统，电话系统宜采用当地通信业务经营商提供的运营方式。

11.3.2 住宅建筑的电话系统宜使用综合布线系统，每套住宅的电话系统进户线不应少于 1 根，进户线宜在家居配线箱内做交接。

11.3.3 住宅套内宜采用 RJ45 电话插座。电话插座应暗装，且电话插座底边距地高度宜为 0.3～0.5m，卫生间的电话插座底边距地高度宜为 1.0～1.3m。

11.3.4 电话插座缆线宜采用由家居配线箱放射方式敷设。

11.3.5 每套住宅的电话插座装设数量不应少于 2 个。起居室、主卧室、书房应装设电话插座，次卧室、卫生间宜装设电话插座。

11.4 信息网络系统

11.4.1 住宅建筑应设置信息网络系统，信息网络系统宜采用当地信息网络业务经营商提供的运营方式。

11.4.2 住宅建筑的信息网络系统应使用综合布线系统，每套住宅的信息网络进户线不应少于 1 根，进户线宜在家居配线箱内做交接。

11.4.3 每套住宅内应采用 RJ45 信息插座或光纤信息插座。信息插座应暗装，信息插座底边距地高度为 0.3～0.5m。

11.4.4 每套住宅的信息插座装设数量不应少于 1 个。书房、起居室、主卧室均可装设信息插座。

11.4.5 住宅建筑综合布线系统的设备间、电信间可合用，也可分别设置。

11.7 家居配线箱

1.7.1 每套住宅应设置家居配线箱。

1.7.2 家居配线箱宜暗装在套内走廊、门厅或起居室等便于维护处，箱底距地高度宜为 0.5m。

1.7.3 距家居配线箱水平 0.15～0.20m 处应预留 AC 220V 电源接线盒，接线盒面板底边宜与家居配线箱面板底边平行，接线盒与家居配线箱之间应预埋金属导管。

　　本章节内容应熟悉掌握。目前，电话插座其实用处很少，但是规范还是规定要至少设置两个。

二、《住宅区和住宅建筑内光纤到户通信设施工程设计规范》GB 50846—2012 的相关条文

2 室内配线设备设置要求

2.1 室内配线设备应包括配线机柜、墙挂式或壁嵌式配线箱等设备，安装位置应符合下列规定：

　　1. 配线机柜应安装在设备间、电信间。

　　2. 墙挂式或壁嵌式配线箱应安装在住宅建筑单元入口处、楼道、管线引入处等公共部位。

　　3. 墙挂式或壁嵌式配线箱不应安装于人行楼梯踏步侧墙上。

2.2 用户接入点的配线设备应符合下列规定：

　　1. 模块类型与容量应按引入光缆的类型及光纤芯数配置。

　　2. 交换局侧与用户侧配线模块之间应能通过跳纤互通。

　　3. 用户光缆小于 144 芯时，宜共用配线箱，各电信业务经营者的配线模块应在配线箱内分区域安装。

2.3 在公共场所安装配线箱时，壁嵌式箱体底边距地不宜小于 1.5m，墙挂式箱体底面距地不宜小于 1.8m。

2.4 家居配线箱的安装设计应符合下列规定：

　　1. 家居配线箱应根据住户信息点数量、引入线缆、户内线缆数量、业务需求选用。

　　2. 家居配线箱箱体尺寸应充分满足各种信息通信设备摆放、配线模块安装、线缆终接与盘留、跳线连接、电源设备及接地端子板安装等需求，同时应适应业务应用的发展。

　　3. 家居配线箱安装位置宜满足无线信号的覆盖要求。

　　4. 家居配线箱宜暗装在套内走廊、门厅或起居室等便于维护处，并宜靠近入户导管侧，箱体底边距地高度宜为 500mm。

　　5. 距家居配线箱水平 150～200mm 处，应预留 AC 220V 带保护接地的单相交流电源插座，并应将电源线通过导管暗敷设至家居配线箱内的电源插座。电源接线盒面板底边宜与家居配线箱体底边平行，且距地高度应一致。

　　6. 当采用 220V 交流电接入箱体内电源插座时，应采取强、弱电安全隔离措施。

1.1 光缆采用的光纤应符合下列规定：

　　1. 用户接入点至楼层配线箱之间的用户光缆应采用 G.652D 光纤。

2. 楼层配线箱至家居配线箱之间的用户光缆应采用 G.657A 光纤。

本处规范内容应全部熟悉掌握。

三、《住宅设计规范》GB 50096—2011 的相关条文

8.7.7 每套住宅应设有线电视系统、电话系统和信息网络系统，宜设置家居配线箱。有线电视、电话、信息网络等线路宜集中布线，并应符合下列规定：

  1. 有线电视系统的线路应预埋到住宅套内。每套住宅的有线电视进户线不应少于 1 根，起居室、主卧室、兼起居的卧室应设置电视插座；

  2. 电话通信系统的线路应预埋到住宅套内。每套住宅的电话通信进户线不应少于 1 根，起居室、主卧室、兼起居的卧室应设置电话插座；

  3. 信息网络系统的线路宜预埋到住宅套内。每套住宅的进户线不应少于 1 根，起居室、卧室或起居室的卧室应设置信息网络插座。

  电视单独一管入户，电话和网络光纤一管入户。

四、《综合布线系统工程设计规范》GB 50311—2016 的相关条文

3.2.3 光纤信道应分为 OF-300、OF-500 和 OF—2000 三个等级，各等级光纤信道应支持的应用长度应小于 300m、500m 及 2000m。

4. 光纤到用户单元通信设施

4.1 一般规定

4.1.1 在公用电信网络已实现光纤传输的地区，建筑物内设置用户单元时，通信设施工程必须采用光纤到用户单元的方式建设。

4.1.2 光纤到用户单元通信设施工程的设计必须满足多家电信业务经营者平等接入、用户单元内的通信业务使用者可自由选择电信业务经营者的要求。

4.1.3 新建光纤到用户单元通信设施工程的地下通信管道、配线管网、电信间、设备间等通信设施，必须与建筑工程同步建设。

4.1.4 用户接入点应是光纤到用户单元工程特定的一个逻辑点，设置应符合下列规定：

  1. 每一个光纤配线区应设置一个用户接入点；

  2. 用户光缆和配线光缆应在用户接入点进行互联；

  3. 只有在用户接入点处可进行配线管理；

  4. 用户接入点处可设置光分路器。

4.1.5 通信设施工程建设应以用户接入点为界面，电信业务经营者和建筑物建设方各自承担相关的工

量。工程实施应符合下列规定：

1.规划红线范围内建筑群通信管道及建筑物内的配线管网应由建筑物建设方负责建设。

2.建筑群及建筑物内通信设施的安装空间及房屋（设备间）应由建筑物建设方负责提供。

3.用户接入点设置的配线设备建设分工应符合下列规定：

1）电信业务经营者和建筑物建设方共用配线箱时，由建设方提供箱体并安装，箱体内连接配线光缆的配线模块应由电信业务经营者提供并安装，连接用户光缆的配线模块应由建筑物建设方提供并安装；

2）电信业务经营者和建筑物建设方分别设置配线柜时，应各自负责机柜及机柜内光纤配线模块的安装。

4.配线光缆应由电信业务经营者负责建设，用户光缆应由建筑物建设方负责建设，光跳线应由电信业务经营者安装。

5.光分路器及光网络单元应由电信业务经营者提供。

6.用户单元信息配线箱及光纤适配器应由建筑物建设方负责建设。

7.用户单元区域内的配线设备、信息插座、用户缆线应由单元内的用户或房屋建设方负责建设。

.3 配置原则

.3.1 建筑红线范围内敷设配线光缆所需的室外通信管道管孔与室内管槽的容量、用户接入点处预留的记线设备安装空间及设备间的面积均应满足不少于3家电信业务经营者通信业务接入的需要。

.3.3 用户光缆采用的类型与光纤芯数应根据光缆敷设的位置、方式及所辖用户数计算，并应符合下列规定：

1.用户接入点至用户单元信息配线箱的光缆光纤芯数应根据用户单元用户对通信业务的需求及配置等级确定，配置应符合表4.3.3的规定。

表4.3.3 光纤与光缆配置

配置	光纤（芯）	光缆（根）	备注
高配置	2	2	考虑光纤与光缆的备份
低配置	2	1	考虑光纤的备份

2.楼层光缆配线箱至用户单元信息配线箱之间应采用2芯光缆。

3.用户接入点配线设备至楼层光缆配线箱之间应采用单根多芯光缆，光纤容量应满足用户光缆总容量需要，并应根据光缆的规格预留不少于10%的余量。

本处规范内容需要熟悉。

五、《建筑物电子信息系统防雷技术规范》GB 50343—2012 的相关条文

4.3 按电子信息系统的重要性、使用性质和价值确定雷电防护等级

4.3.1 建筑物电子信息系统可根据其重要性、使用性质和价值，按表4.3.1选择确定雷电防护等级。

表 4.3.1 建筑物电子信息系统雷电防护等级	
雷电防护等级	建筑物电子信息系统
A 级	1. 国家级计算中心，国家级通信枢纽，特级和一级金融设施，大中型机场，国家级和省级广播电视中心，枢纽港口，火车枢纽站，省级城市水、电、气、热等城市重要公用设施的电子信息系统； 2. 一级安全防范单位，如国家文物、档案库的闭路电视监控和报警系统； 3. 三级医院电子医疗设备
B 级	1. 中型计算中心、二级金融设施、中型通信枢纽、移动通信基站、大型体育场（馆）、小型机场、大型港口、大型火车站的电子信息系统； 2. 二级安全防范单位，如省级文物、档案库的闭路电视监控和报警系统； 3. 雷达站、微波站电子信息系统，高速公路监控和收费系统； 4. 二级医院电子医疗设备； 5. 五星及更高星级宾馆电子信息系统
C 级	1. 三级金融设施、小型通信枢纽电子信息系统； 2. 大中型有线电视系统； 3. 四星及以下级宾馆电子信息系统
D 级	除上述A、B、C级以外的一般用途的需防护电子信息设备

注：表中未列举的电子信息系统也可参照本表选择防护等级。

住宅楼可以按此表直接确定建筑物电子信息系统雷电防护等级D级。若要计算，须根据规范的"4.按防雷装置的拦截效率确定雷电防护等级"来确定。

第三节　FTTH 模式三网系统设计

一、接收相关专业条件

建筑专业：主要接收建筑专业的平面图纸。

甲方要求：甲方户内三网点位的要求。

地方要求：三网建设的地方标准。

二、户内弱电管路设计

布置好家居配线箱，即弱电箱，设置在入户门附近合适的地方，距地 0.5m，以及客厅和主卧的电见、电话、网络插座，这些是按照规范要求的最低配置。除此之外，其他房间弱电点位按甲方要求设置。会制好弱电箱接线示意图和户内平面图，如图 12-1、图 12-2。

弱电箱内必须预留 AC 220V 电源，可从就近普通插座回路引接。入户两根光纤 1 用 1 备。注意两根 SYWV-75-5 的同轴电缆或三根网线须穿 PC25 管，其余户内弱电线路一般均可穿 PC20 管。

三、系统设计

首先介绍 FTTH。FTTH（Fiber To The Home），顾名思义就是一根光纤直接到家庭。具体来说，TTH 是指将光网络单元（ONU）安装在住家用户处，是光接入系列中除 FTTD（光纤到桌面）外最靠近用户的光接入网应用类型。FTTH 的显著技术特点是不但提供更大的带宽，而且增强了网络对数据格式、

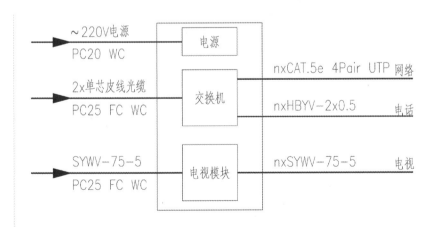

住户弱电箱配线示意图

注：具体数量详户内平面图，穿管及敷设方式详弱电及消防线型表

图 12-1　住户弱电箱配线示意图

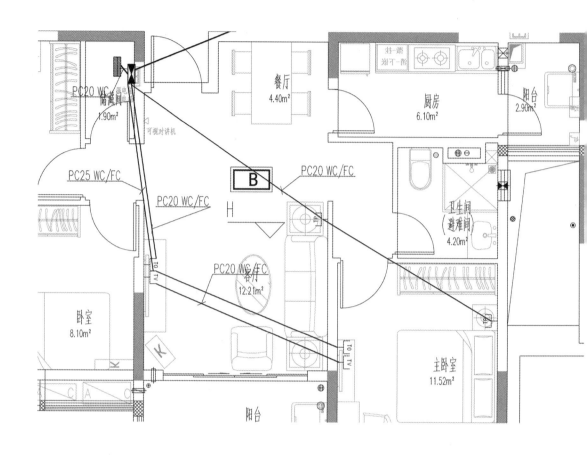

图 12-2　户内弱电平面图

速率、波长和协议的透明性，放宽了对环境条件和供电等要求，简化了维护和安装流程。 FTTH 的优

势主要有五点：第一，它是无源网络，从局端到用户，中间基本上可以做到无源；第二，能长距离传

输信号，符合运营商的大规模运用方式；第三，光纤带宽比较宽，支持的协议比较灵活；第四，随着

技术的发展，包括点对点、1.25G 和 FTTH 的方式都拥有了比较完善的功能。目前，FTTH 实际中存在

三种解决方案：一是单光纤入户，三网真正合一；二是双光纤入户，有线电视与电话网络的传输通道

彻底分开；三是光纤与同轴电缆入户，电话网络还是光纤入户，而有线电视采用同轴电缆入户，有线

电视实际是光纤到楼 FTTB。三种方案各有优缺点，由当地广电通信运营商根据网络建设水平选择。

其次，介绍光纤到户（FTTH）模式的三网系统图，如图 12-3。

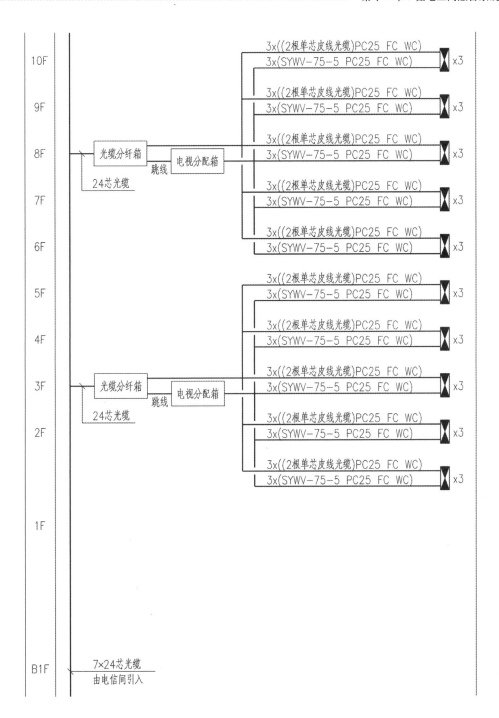

图 12-3　光纤到户（FTTH）模式的三网系统图

　　注意一级分光和二级分光的区别。国标《住宅区和住宅建筑内光纤到户通信设施工程设计规范》B 50846—2012 的要求是可以设置光分路器，减少用户光缆与管道的数量。但是地标可能要求更高，必须从小区设备间或楼栋合用的设备间进行直接一级分光后入户，楼层内只分纤不分光。因此，当地地标如果有更高要求，要按照地标来执行。

另外，要注意户数限制。在有线电视合用光缆的情况下，则光缆分纤箱所带户数不能超过 16 户。在有线电视是单独的光纤分布系统时，电话网络的光缆最大不宜超过 144 芯，按《住宅区和住宅建筑内光纤到户通信设施工程设计规范》GB 50846—2012 中表 4 选择。

7.3.2 配线箱功能、容量、外形尺寸可参照表 4 要求。

表 4 配线箱容量与尺寸		
容量	功能	箱体外形尺寸（高×宽×深）（mm）
12～16 芯	配线、分路	250×400×80
24～32 芯		300×400×80
36～48 芯		450×400×80
6～8 芯	分纤（壁挂、壁嵌）	247×207×50
12 芯		370×290×68
24 芯		370×290×68
32 芯		440×360×75
48 芯		440×360×75
72 芯		440×450×190
96 芯		570×490×160
144 芯		720×540×300

如果当地的有线电视和电话网络系统是各自分开布线，那么有线电视的系统图要单独绘制。根据《有线电视网络工程设计标准》GB/T 50200—2018 中 "9.FTTH 接入分配网" 的内容，有线电视的 FTTH 系统是可以在楼层处设置光分路器的，当然这都是最终在有线电视深化设计时确定的内容。参考有线电视系统图如图 12-4，系统图采用的是同轴电缆入户，按《有线电视网络工程设计标准》GB/T 50200—2018 要求是光纤入户，由当地实际工程建设决定。

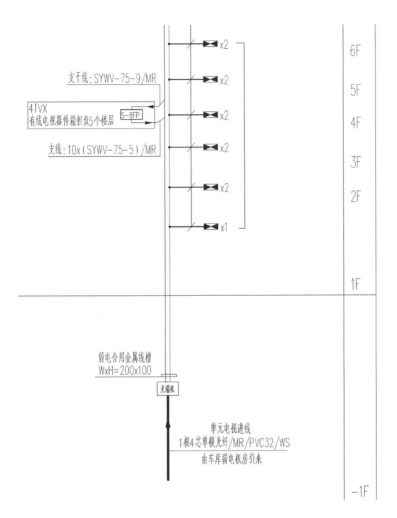

图 12-4　有线电视系统图

第四节　电信间

　　根据规范《住宅区和住宅建筑内光纤到户通信设施工程设计规范》GB 50846—2012：电信间的位置选取可以根据楼栋一层或负一层的空间以及住户数量来合理布置，可以几个单元楼合用一个电信间，也可以每栋楼一个电信间。宜设置在靠近楼栋电气竖井的位置，方便桥架和线缆进出。示意图如图12-5，电信间面积如《住宅区和住宅建筑内光纤到户通信设施工程设计规范》GB 50846—2012中的表3.2.10-2。

2.7 设备间及电信间的设置应符合下列规定：

　　1. 每一个住宅区应设置一个设备间，设备间宜设置在物业管理中心。

　　2. 每一个高层住宅楼宜设置一个电信间，电信间宜设置在地下一层或首层。

3. 多栋低层、多层、中高层住宅楼宜每一个配线区设置一个电信间，电信间宜设置在地下一层或首层。

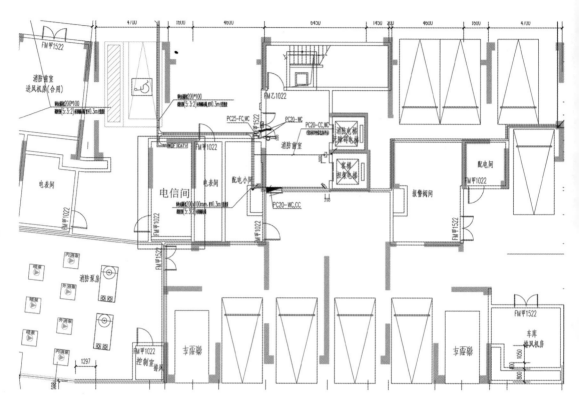

图 12-5 塔楼电信局位置图

表 3.2.10-2 电信间面积			
1 个配线区住户数	面积（m²）	尺寸（m）	备注
300 户	10	4×2.5	可安装 4 个机柜（宽 600mm×深 600mm），按列设置
	15	5×3	可安装 4 个机柜（宽 800mm×深 800mm），按列设置

注：4 个机柜分配给电信业务经营者及住宅建设方使用。

9.1.2 在建筑物内设置设备间、电信间时，应符合下列规定：

1. 宜设置在建筑物的首层，当条件不具备时，也可设置在地下一层。

2. 不应设置在厕所、浴室或其他易积水、潮湿场所的正下方或贴邻，不应设置在变压器室、配等强电磁干扰场所的楼上、楼下或隔壁房间。

3. 应远离排放粉尘、油烟的场所。

4. 应远离高低压变配电、电机、无线电发射等有干扰源存在的场所，当无法满足要求时，应采取相应的防护措施。

5. 宜靠近本建筑物的线缆入口处、进线间和弱电间，并宜与布线系统垂直竖井相通。

另外，电信间应单独设置配电箱，箱内应设置 SPD。电信间设计还应注意 "9. 2 工艺设计" 的相关要求，特别是关于接地的要求。

光纤到户的三网系统设计要根据当地的三网建设水平来确定，应注意是否有特殊的地标要求。在建筑主体设计阶段主要进行管路设计，各管路预留预埋到位即可，若有需要也可以进行一定深度的线路和系统设计，以满足审查和业主要求。后期必须由有广电或通信资质的专业公司来进行深化设计施工，才能验收通过。电信间的位置选取要注意避开渗漏水区域，根据住户数合理设置。

第十三章 | 住宅火灾自动报警及消防联动设计

　　住宅建筑的消防安全与我们每个人都息息相关。近年来我国房地产发展迅速，加上用地紧张，城市内高层住宅的建设呈快速增长态势。高层、超高层建筑具有层数多、垂直距离长、人员集中、疏散时间长、火势蔓延快、火险隐患多等特点。所以除严格的消防管理外，合理而有效的消防设计显得尤为重要，而火灾自动报警及消防联动系统设计，是其中非常重要的一环。

　　住宅火灾自动报警及消防联动系统，主要包含系统形式选择、系统设备设置、相关消防联动控制设计及住宅特殊的火灾自动报警要求等，必须做到安全可靠、技术先进、经济合理。而合理有效的火灾自动报警系统设计，也需要了解和熟悉其他设备专业的基本设计原理。以下重点介绍住户火灾自动报警系统设备设置、相关消防联动控制设计及住宅特殊的火灾自动报警要求。

第一节　设计必备

需要掌握和了解的主要设计规范、标准及行业标准、设计手册：

1.《建筑设计防火规范》GB 50016—2014（2018 年版）

2.**《火灾自动报警系统设计规范》 GB 50116—2013**

3.《民用建筑电气设计标准》GB 51348—2019

4.《住宅建筑电气设计规范》JGJ 242—2011

5.《住宅设计规范》GB 50096—2011

6.《火灾自动报警系统设计规范》图示 14X505-1

7.《建筑防烟排烟系统技术标准》GB 51251—2017

8.《消防给水及消火栓系统技术规范》GB 50974—2014

9.《自动喷水灭火系统设计规范》GB 50084—2017

标粗字体的规范为重点规范，与规范或标准相关的条文将在后续内容中进行详细说明。

第二节　范围界定及系统形式选择

一、范围界定

《建筑设计防火规范》GB 50016—2014（2018 年版）

8.4.1 下列建筑或场所应设置火灾自动报警系统：

13. 设置机械排烟、防烟系统，雨淋或预作用自动喷水灭火系统，固定消防水炮灭火系统，气体灭火系统等需与火灾自动报警系统联锁动作的场所或部位。

8.4.2 建筑高度大于100m的住宅建筑，应设置火灾自动报警系统。

建筑高度大于54m但不大于100m的住宅建筑，其公共部位应设置火灾自动报警系统，套内宜设置火灾探测器。

建筑高度不大于54m的高层住宅建筑，其公共部位宜设置火灾自动报警系统。当设置需联动控制的消防设施时，公共部位应设置火灾自动报警系统。

高层住宅建筑的公共部位应设置具有语音功能的火灾声警报装置或应急广播。

住宅建筑中的火灾自动报警系统设置要求如表13-1。

表13-1 住宅建筑中火灾自动报警系统的设置要求

住宅建筑高度 h	住宅公共部位		住宅套内
h > 100m	应设置火灾自动报警系统	应设置具有语音功能的火灾声警报装置或应急广播	应设置火灾自动报警系统
54m < h ≤ 100m	应设置火灾自动报警系统	应设置具有语音功能的火灾声警报装置或应急广播	宜设置火灾探测器
27m < h ≤ 54m	宜设置火灾自动报警系统 当设置需联动控制的消防设施时，应设置火灾自动报警系统	应设置具有语音功能的火灾声警报装置或应急广播	—

除了上述规范外，火灾自动报警及消防联动系统还应遵守各地的消防要求，如江苏、上海、浙江等地的消防要求。

《浙江省消防技术规范难点问题操作技术指南（2020 版）》第6.3条规定，建筑高度大于54m的住宅建筑，其套内应设置具有有声报警功能的火灾探测器；（上海市）《民用建筑电气防火设计规程》

DGJ 08—2048—2016 第 3.2.2 条规定，建筑高度大于 54m，但不大于 100m 的高居住宅，除卫生间以外的套内房间宜设置独立式火灾自动报警装置。（江苏省）《建筑电气防火设计规程》DB32/T 3698—2019 第 4.3.4 条规定，住宅建筑火灾自动报警的设置应符合下列规定：建筑高度大于 54m 的高层住宅建筑，其公共部位及套内均应设置火灾自动报警系统。

二、系统形式选择

参见《火灾自动报警系统设计规范》 GB 50116—2013 及图 13-1 ~ 图 13-3。

《火灾自动报警系统设计规范》 GB 50116—2013

3.2.1 火灾自动报警系统形式的选择，应符合下列规定：

1. 仅需要报警，不需要联动自动消防设备的保护对象宜采用区域报警系统。

2. 不仅需要报警，同时需要联动自动消防设备，且只设置一台具有集中控制功能的火灾报警控制器和消防联动控制器的保护对象，应采用集中报警系统，并应设置一个消防控制室。

3. 设置两个及以上消防控制室的保护对象，或已设置两个及以上集中报警系统的保护对象，应采用控制中心报警系统。

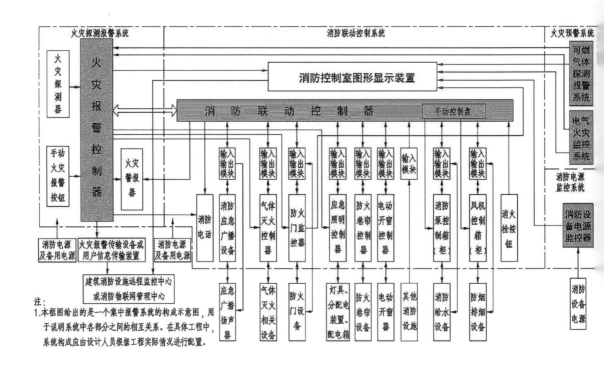

图 13-1　火灾自动报警系统框图（现行）

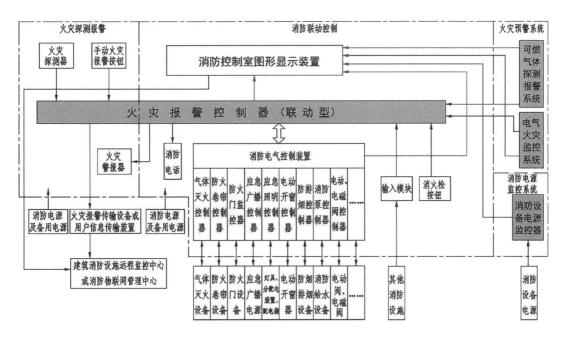

图 13-2　火灾自动报警系统框图（目标）

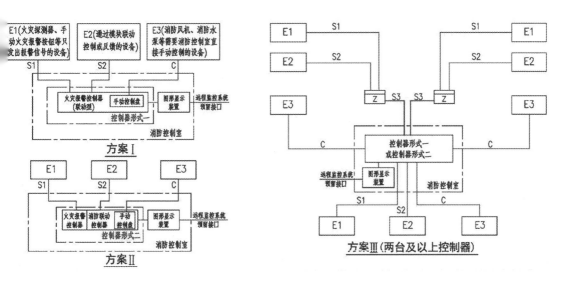

图 13-3　集中报警系统框图

第三节   系统设备设置

一、火灾探测器的设置

《火灾自动报警系统设计规范》 GB 50116—2013 中，"6.2 火灾探测器的设置"说明了影响火灾探测器设置的因素，包括保护面积和保护半径、屋顶坡度、修正系数、梁的影响、小于 3m 的内走道、隔断。住宅建筑地上区域主要选择点型感烟探测器。

二、手动火灾报警按钮的设置

《火灾自动报警系统设计规范》 GB 50116—2013

6.3 手动火灾报警按钮的设置：

6.3.1 每个防火分区应至少设置一只手动火灾报警按钮。从一个防火分区内的任何位置到最邻近的手动火灾报警按钮的步行距离不应大于 30m。手动火灾报警按钮宜设置在疏散通道或出入口处。

6.3.2 手动火灾报警按钮应设置在明显和便于操作的部位。当采用壁挂方式安装时，其底边距地高度宜为 1.3 ～ 1.5m，且应有明显的标志。

住宅建筑一般在电梯前室、楼梯间前室或合用前室设置手动火灾报警按钮。

三、区域显示器的设置

《火灾自动报警系统设计规范》 GB 50116—2013

6.4.1 每个报警区域宜设置一台区域显示器（火灾显示盘）；宾馆、饭店等场所应在每个报警区域设置一台区域显示器。当一个报警区域包括多个楼层时，宜在每个楼层设置一台仅显示本楼层的区域显示器。

6.4.2 区域显示器应设置在出入口等明显便于操作的部位。当采用壁挂方式安装时，其底边距地高度宜为 1.3 ～ 1.5m。

区域显示器也叫楼层显示器、火灾显示盘。对一、二类高层住宅建筑来说，一般在首层设置一个区域显示器。设置部位在楼梯口、消防电梯前室等出入口处。

四、火灾警报器的设置

《火灾自动报警系统设计规范》 GB 50116—2013

6.5.1 火灾光警报器应设置在每个楼层的楼梯口、消防电梯前室、建筑内部拐角等处的明显部位，且宜与安全出口指示标志灯具设置在同一面墙上。

5.2 每个报警区域内应均匀设置火灾警报器，其声压级不应小于 60dB；在环境噪声大于 60dB 的场所，
声压级应高于背景躁声 15dB。

5.3 当火灾警报器采用壁挂方式安装时，其底边距地面高度应大于 2.2m。

　　火灾警报器一般为声光警报器（具有声、光警报功能），注意尽量不要与安全出口指示标志灯具置在同一面墙上。

、消防应急广播的设置

火灾自动报警系统设计规范》 GB 50116—2013

6.1 消防应急广播扬声器的设置，应符合下列规定：

　　1.民用建筑内扬声器应设置在走道和大厅等公共场所。每个扬声器的额定功率不应小于 3W，其量应能保证从一个防火分区内的任何部位到最近一个扬声器的直线距离不大于 25m，走道末端距最的扬声器距离不应大于 12.5m。

　　2.在环境噪声大于 60dB 的场所设置的扬声器，在其播放围内最远点的播放声压级应高于背景声 15dB。

　　3.客房设置专用扬声器时，其功率不宜小于 1W。

6.2 壁挂扬声器的底边距地面高度应大于 2.2m。

民用建筑电气设计标准》 GB 51348—2019

.3.6 消防应急广播系统设计应符合下列规定：

　　5.电梯前室、疏散楼梯间内应设置应急广播扬声器。

　　电梯前室、疏散楼梯间内设置应急广播扬声器，此条为新增的内容，需要引起注意。

、消防专用电话的设置

火灾自动报警系统设计规范》 GB 50116—2013

7.4 电话分机或电话插孔的设置，应符合下列规定：

　　1.消防水泵房、发电机房、配变电室、计算机网络机房、主要通风和空调机房、防排烟机房、灭控制系统操作装置处或控制室、企业消防站、消防值班室、总调度室、消防电梯机房及其他与消防动控制有关的且经常有人值班的机房应设置消防专用电话分机。消防专用电话分机，应固定安装在显且便于使用的部位，并应有区别于普通电话的标识。

　　2.设有手动火灾报警按钮或消火枪按钮等处，宜设置电话插孔，并宜选择带有电话插孔的手动火报警按钮。

　　3.各避难层应每隔 20m 设置一个消防专用电话分机或电话插孔。

4. 电话插孔在墙上安装时，其底边距地面高度宜为 1.3 ～ 1.5m。

对于住宅建筑，一般屋顶的防排烟机房和消防电梯机房设置电话分机，在楼层设置带有电话插孔的手动火灾报警按钮。

七、模块的设置

《火灾自动报警系统设计规范》 GB 50116—2013

6.8.1 每个报警区域内的模块宜相对集中设置在本报警区域内的金属模块箱中。

6.8.2 模块严禁设置在配电（控制）柜（箱）内。

6.8.3 本报警区域内的模块不应控制其他报警区域的设备。

6.8.4 未集中设置的模块附近应有尺寸不小于 100mm×100mm 的标识。

对于住宅建筑来说，模块箱一般设置在电井内，便于后期管理维护。要注意的是，模块严禁设置在配电（控制）柜（箱）内。

八、防火门监控器的设置

《火灾自动报警系统设计规范》 GB 50116—2013

6.11.1 防火门监控器应设置在消防控制室内，未设置消防控制室时，应设置在有人值班的场所。

6.11.2 电动开门器的手动控制按钮应设置在防火门内侧墙面上，距门不宜超过 0.5m，底边距地面高度宜为 0.9 ～ 1.3m。

6.11.3 防火门监控器的设置应符合火灾报警控制器的安装设置要求。

在实际运用中，物业部门为便于后期管理，一般要求防火门现场控制器吸顶安装。

第四节	消防联动控制设计

一、一般规定

《火灾自动报警系统设计规范》 GB 50116—2013

4.1.1 消防联动控制器应能按设定的控制逻辑向各相关的受控设备发出联动控制信号，并接受相关设备的联动反馈信号。

4.1.2 消防联动控制器的电压控制输出应采用直流 24V，其电源容量应满足受控消防设备同时启动且保持工作的控制容量要求。

4.1.3 各受控设备接口的特性参数应与消防联动控制器发出的联动控制信号相匹配。

4.1.4 消防水泵、防烟和排烟风机的控制设备，除应采用联动控制方式外，还应在消防控制室设置手动直接控制装置。

4.1.5 启动电流较大的消防设备宜分时启动。

4.1.6 需要火灾自动报警系统联动控制的消防设备，其联动触发信号应采用两个独立的报警触发装置报警信号的"与"逻辑组合。

二、自动喷水灭火系统的联动控制设计

《火灾自动报警系统设计规范》 GB 50116—2013

4.2.1 湿式系统和干式系统的联动控制设计，应符合下列规定：

    1. 联动控制方式，应由湿式报警阀压力开关的动作信号作为触发信号，直接控制启动喷淋消防泵，联动控制不应受消防联动控制器处于自动或手动状态影响。

    2. 手动控制方式，应将喷淋消防泵控制箱（柜）的启动、停止按钮用专用线路直接连接至设置在消防控制室内的消防联动控制器的手动控制盘，直接手动控制喷淋消防泵的启动、停止。

    3. 水流指示器、信号阀、压力开关、喷淋消防泵的启动和停止的动作信号应反馈至消防联动控制器。

    对于住宅建筑来说，自动喷水灭火系统的联动控制有水流指示器、信号阀的动作信号反馈、湿式报警阀压力开关的动作信号及反馈，以及屋顶消防水箱的液位显示器状态反馈等。

三、消火栓系统的联动控制设计

《火灾自动报警系统设计规范》 GB 50116—2013

.3.1 联动控制方式，应由消火栓系统出水干管上设置的低压压力开关、高位消防水箱出水管上设置的流量开关或报警阀压力开关等信号作为触发信号，直接控制启动消火栓泵，联动控制不应受消防联动控制器处于自动或手动状态影响。当设置消火栓按钮时，消火栓按钮的动作信号应作为报警信号及启动消火栓泵的联动触发信号，由消防联动控制器联动控制消火栓泵的启动。

.3.2 手动控制方式，应将消火栓泵控制箱（柜）的启动、停止按钮用专用线路直接连接至设置在消防控制室内的消防联动控制器的手动控制盘，并应直接手动控制消火栓泵的启动、停止。

.3.3 消火栓泵的动作信号应反馈至消防联动控制器。

四、防烟排烟系统的联动控制设计

《火灾自动报警系统设计规范》 GB 50116—2013

5.1 防烟系统的联动控制方式应符合下列规定：

1. 应由加压送风口所在防火分区内的两只独立的火灾探测器或一只火灾探测器与一只手动火灾报警按钮的报警信号，作为送风门开启和加压送风机启动的联动触发信号，并应由消防联动控制器联动控制相关层前室等需要加压送风场所的加压送风口开启和加压送风机启动。

2. 应由同一防烟分区内且位于电动挡烟垂壁附近的两只独立的感烟火灾探测器的报警信号，作为电动挡烟垂壁降落的联动触发信号，并应由消防联动控制器联动控制电动挡烟垂壁的降落。

4.5.2 排烟系统的联动控制方式应符合下列规定：

1. 应由同一防烟分区内的两只独立的火灾探测器的报警信号，作为排烟口、排烟窗或排烟阀开启的联动触发信号，并应由消防联动控制器联动控制排烟口、排烟窗或排烟阀的开启，同时停止该防烟分区的空气调节系统。

2. 应由排烟口、排烟窗或排烟阀开启的动作信号，作为排烟风机启动的联动触发信号，并应由消防联动控制器联动控制排烟风机的启动。

4.5.3 防烟系统、排烟系统的手动控制方式，应能在消防控制室内的消防联动控制器上手动控制送风口、电动挡烟垂壁、排烟口、排烟窗、排烟阀的开启或关闭及防烟风机、排烟风机等设备的启动或停止，防烟、排烟风机的启动、停止按钮应采用专用线路直接连接至设置在消防控制室内的消防联动控制器的手动控制盘，并应直接手动控制防烟、排烟风机的启动、停止。

4.5.4 送风口、排烟口、排烟窗或排烟阀开启和关闭的动作信号，防烟、排烟风机启动和停止及电动防火阀关闭的动作信号，均应反馈至消防联动控制器。

4.5.5 排烟风机入口处的总管上设置的280℃排烟防火阀在关闭后应直接联动控制风机停止，排烟防火阀及风机的动作信号应反馈至消防联动控制器。

五、防火门及防火卷帘系统的联动控制设计

《火灾自动报警系统设计规范》 GB 50116—2013

4.6.1 防火门系统的联动控制设计，应符合下列规定：

1. 应由常开防火门所在防火分区内的两只独立的火灾探测器或一只火灾探测器与一只手动火灾报警按钮的报警信号，作为常开防火门关闭的联动触发信号，联动触发信号应由火灾报警控制器或消防联动控制器发出，并应由消防联动控制器或防火门监控器联动控制防火门关闭。

2. 疏散通道上各防火门的开启、关闭及故障状态信号应反馈至防火门监控器。

4.6.2 防火卷帘的升降应由防火卷帘控制器控制。

4.6.3 疏散通道上设置的防火卷帘的联动控制设计，应符合下列规定：

1. 联动控制方式，防火分区内任两只独立的感烟火灾探测器或任一只专门用于联动防火卷帘的感烟火灾探测器的报警信号应联动控制防火卷帘下降至距楼板面 1.8m 处；任一只专门用于联动防火卷帘的感温火灾探测器……

感温火灾探测器的报警信号应联动控制防火卷帘下降到楼板面；在卷帘的任一侧距卷帘纵深 $0.5\sim5m$ 应设置不少于 2 只专门用于联动防火卷帘的感温火灾探测器。

  2. 手动控制方式，应由防火卷帘两侧设置的手动控制按钮控制防火卷帘的升降。

6.4 非疏散通道上设置的防火卷帘的联动控制设计，应符合下列规定：

  1. 联动控制方式，应由防火卷帘所在防火分区内任两只独立的火灾探测器的报警信号，作为防火卷帘下降的联动触发信号，并应联动控制防火卷帘直接下降到楼板面。

  2. 手动控制方式，应由防火卷帘两侧设置的手动控制按钮控制防火卷帘的升降，并应能在消防控制室内的消防联动控制器上手动控制防火卷帘的降落。

6.5 防火卷帘下降至距楼板面 1.8m 处，下降到楼板面的动作信号和防火卷帘控制器直接连接的感烟、感温火灾探测器的报警信号，应反馈至消防联动控制器。

七、电梯的联动控制设计

《火灾自动报警系统设计规范》 GB 50116—2013

7.1 消防联动控制器应具有发出联动控制信号强制所有电梯停于首层或电梯转换层的功能。

7.2 电梯运行状态信息和停于首层或转换层的反馈信号，应传送给消防控制室显示，轿厢内应设置能直接与消防控制室通话的专用电话。

八、火灾警报及消防应急广播系统的联动控制设计

《火灾自动报警系统设计规范》 GB 50116—2013

8.1 火灾自动报警系统应设置火灾声光警报器，并应在确认火灾后启动建筑内的所有火灾声光警报器。

8.2 未设置消防联动控制器的火灾自动报警系统，火灾声光警报器应由火灾报警控制器控制；设置消防联动控制器的火灾自动报警系统，火灾声光警报器应由火灾报警控制器或消防联动控制器控制。

8.3 公共场所宜设置具有同一种火灾变调声的火灾声警报器；具有多个报警区域的保护对象，宜选用带有语音提示的火灾声警报器；学校、工厂等各类日常使用电铃的场所，不应使用警铃作为火灾声警报器。

8.4 火灾声警报器设置带有语音提示功能时，应同时设置语音同步器。

8.5 同一建筑内设置多个火灾声警报器时，火灾自动报警系统应能同时启动和停止所有火灾声警报器工作。

8.6 火灾声警报器单次发出火灾警报时间宜为 $8\sim20s$，同时设有消防应急广播时，火灾声警报应与消防应急广播交替循环播放。

8.7 集中报警系统和控制中心报警系统应设置消防应急广播。

4.8.8 消防应急广播系统的联动控制信号应由消防联动控制器发出。当确认火灾后，应同时向全楼进行广播。

4.8.9 消防应急广播的单次语音播放时间宜为 10 ～ 30s，应与火灾声警报器分时交替工作，可采取 1 次火灾声警报器播放、1 次或 2 次消防应急广播播放的交替工作方式循环播放。

4.8.10 在消防控制室应能手动或按预设控制逻辑联动控制选择广播分区、启动或停止应急广播系统，并应能监听消防应急广播。在通过传声器进行应急广播时，应自动对广播内容进行录音。

4.8.11 消防控制室内应能显示消防应急、广播分区的工作状态。

4.8.12 消防应急广播与普通广播或背景音乐广播合用时，应具有强制切入消防应急广播的功能。

八、消防应急照明和疏散指示系统的联动控制设计

《火灾自动报警系统设计规范》 GB 50116—2013

4.9.1 消防应急照明和疏散指示系统的联动控制设计，应符合下列规定：

　　1. 集中控制型消防应急照明和疏散指示系统，应由火灾报警控制器或消防联动控制器启动应急照明控制器实现。

　　2. 集中电源非集中控制型消防应急照明和疏散指示系统，应由消防联动控制器联动应急照明集中电源和应急照明分配电装置实现。

　　3. 自带电源非集中控制型消防应急照明和疏散指示系统，应由消防联动控制器联动消防应急照明配电箱实现。

4.9.2 当确认火灾后，由发生火灾的报警区域开始，顺序启动全楼疏散通道的消防应急照明和疏散指示系统，系统全部投入应急状态的启动时间不应大于 5s。

九、相关联动控制设计

《火灾自动报警系统设计规范》 GB 50116—2013

4.10.1 消防联动控制器应具有切断火灾区域及相关区域的非消防电源的功能，当需要切断正常照明时，宜在自动喷淋系统、消火栓系统动作前切断。

4.10.2 消防联动控制器应具有自动打开涉及疏散的电动栅杆等的功能，宜开启相关区域安全技术防范系统的摄像机监视火灾现场。

4.10.3 消防联动控制器应具有打开疏散通道上由门禁系统控制的门和庭院电动大门的功能，并应具有打开停车场出入口挡杆的功能。

第五节　电气火灾监控系统、消防设备电源
监控系统、防火门监控系统设计

一、电气火灾监控系统

《火灾自动报警系统设计规范》GB 50116—2013

1.1 电气火灾监控系统可用于具有电气火灾危险的场所。

1.2 电气火灾监控系统应由下列部分或全部设备组成：

　　1. 电气火灾监控器。

　　2. 剩余电流式电气火灾监控探测器。

　　3. 测温式电气火灾监控探测器。

1.3 电气火灾监控系统应根据建筑物的性质及电气火灾危险性设置，并应根据电气线路敷设和用电设备的具体情况，确定电气火灾监控探测器的形式与安装位置。在无消防控制室且电气火灾监控探测器设置数量不超过 8 只时，可采用独立式电气火灾监控探测器。

1.4 非独立式电气火灾监控探测器不应接入火灾报警控制器的探测器回路。

1.5 在设置消防控制室的场所，电气火灾监控器的报警信息和故障信息应在消防控制室图形显示装置或起集中控制功能的火灾报警控制器上显示。但该类信息与火灾报警信息的显示应有区别。

1.6 电气火灾监控系统的设置不应影响供电系统的正常工作，不宜自动切断供电电源。

1.7 当线型感温火灾探测器用于电气火灾监控时，可接入电气火灾监控器。

　　电气火灾监控系统是自成系统。

2.1 剩余电流式电气火灾监控探测器应以设置在低压配电系统首端为基本原则，宜设置在第一级配电柜（箱）的出线端。在供电线路泄漏电流大于 500mA 时，宜在其下一级配电柜（箱）设置。

2.2 剩余电流式电气火灾监控探测器不宜设置在 IT 系统的配电线路和消防配电线路中。

2.3 选择剩余电流式电气火灾监控探测器时，应计及供电系统自然漏流的影响，并应选择参数合适的探测器；探测器报警值宜为 300 ～ 500mA。

　　剩余电流式电气火灾监控探测器设置在配电房或配电小间的馈线开关处，树干式供电的则设置在二级配电箱进线处。

5.1 设有消防控制室时，电气火灾监控器应设置在消防控制室内或保护区域附近；设置在保护区域附近时，应将报警信息和故障信息传入消防控制室。

9.5.2 未设消防控制室时，电气火灾监控器应设置在有人值班的场所。

二、消防设备电源监控系统

参照《消防设备电源监控系统》GB 28184—2011。

三、防火门监控系统设计

《火灾自动报警系统设计规范》 GB 50116—2013

6.11.1 防火门监控器应设置在消防控制室内，未设置消防控制室时，应设置在有人值班的场所。

6.11.2 电动开门器的手动控制按钮应设置在防火门内侧墙面上，距门不宜超过 0.5m，底边距地面高度宜为 0.9 ～ 1.3m。

6.11.3 防火门监控器的设置应符合火灾报警控制器的安装设置要求。

开发商考虑到管理因素，电动开门器的手动控制按钮常采用吸顶安装或 2.2m 以上壁装。

10 系统供电和接地

10.1.1 火灾自动报警系统应设置交流电源和蓄电池备用电源。

10.1.2 火灾自动报警系统的交流电源应采用消防电源，备用电源可采用火灾报警控制器和消防联动控制器自带的蓄电池电源或消防设备应急电源。当备用电源采用消防设备应急电源时，火灾报警控制器和消防联动控制器应采用单独的供电回路，并应保证在系统处于最大负载状态下不影响火灾报警控制器和消防联动控制器的正常工作。

10.1.3 消防控制室图形显示装置、消防通信设备等的电源，宜由 UPS 电源装置或消防设备应急电源供电。

10.1.4 火灾自动报警系统主电源不应设置剩余电流动作保护和过负荷保护装置。

10.1.5 消防设备应急电源输出功率应大于火灾自动报警及联动控制系统全负荷功率的 120%，蓄电池组的容量应保证火灾自动报警及联动控制系统在火灾状态同时工作负荷条件下连续工作 3h 以上。

10.1.6 消防用电设备应采用专用的供电回路，其配电设备应设有明显标志。其配电线路和控制回路宜按防火分区划分。

10.2.1 火灾自动报警系统接地装置的接地电阻值应符合下列规定：

1. 采用共用接地装置时，接地电阻值不应大于 1Ω。

2. 采用专用接地装置时，接地电阻值不应大于 4Ω。

10.2.2 消防控制室内的电气和电子设备的金属外壳、机柜、机架和金属管、槽等，应采用等电位连接。

10.2.3 由消防控制室接地板引至各消防电子设备的专用接地线应选用铜芯绝缘导线，其线芯截面面积不应小于 4mm^2。

0.2.4 消防控制室接地板与建筑接地体之间，应采用线芯截面面积不小于 $25mm^2$ 的铜芯绝缘导线连接。

1.1.1 火灾自动报警系统的传输线路和 50V 以下供电的控制线路，应采用电压等级不低于交流 00V/500V 的铜芯绝缘导线或铜芯电缆。采用交流 220V/380V 的供电和控制线路，应采用电压等级不 于交流 450V/750V 的铜芯绝缘导线或铜芯电缆。

1.1.2 火灾自动报警系统传输线路的线芯截面选择，除应满足自动报警装置技术条件的要求外，还应 足机械强度的要求。铜芯绝缘导线和铜芯电缆线芯的最小截面面积，不应小于表 11.1.2 的规定。

1.1.3 火灾自动报警系统的供电线路和传输线路设置在室外时，应埋地敷设。

1.1.4 火灾自动报警系统的供电线路和传输线路设置在地（水）下隧道或湿度大于 90% 的场所时，线 及接线处应做防水处理。

1.1.5 采用无线通信方式的系统设计，应符合下列规定：

　　1. 无线通信模块的设置间距不应大于额定通信距离的 75%。

　　2. 无线通信模块应设置在明显部位，且应有明显标识。

1.2 室内布线

1.2.1 火灾自动报警系统的传输线路应采用金属管、可挠（金属）电气导管、B_1 级以上的钢性塑料管 封闭式线槽保护。

1.2.2 火灾自动报警系统的供电线路、消防联动控制线路应采用耐火铜芯电线电缆，报警总线、消防 急广播和消防专用电话等传输线路应采用阻燃或阻燃耐火电线电缆。

1.2.3 线路暗敷设时，应采用金属管、可挠（金属）电气导管或 B_1 级以上的钢性塑料管保护，并应敷 在不燃烧体的结构层内，且保护层厚度不宜小于 30mm；线路明敷设时，应采用金属管、可挠（金属） 气导管或金属封闭线槽保护。矿物绝缘类不燃性电缆可直接明敷。

1.2.4 火灾自动报警系统用的电缆竖井，宜与电力、照明用的低压配电线路电缆竖井分别设置。受条 限制必须合用时，应将火灾自动报警系统用的电缆和电力、照明用的低压配电线路电缆分别布置在 井的两侧。

1.2.5 不同电压等级的线缆不应穿入同一根保护管内，当合用同一线槽时，线槽内应有隔板分隔。

1.2.6 采用穿管水平敷设时，除报警总线外，不同防火分区的线路不应穿入同一根管内。

1.2.7 从接线盒、线槽等处引到探测器底座盒、控制设备盒、扬声器箱的线路，均应加金属保护管保护。

1.2.8 火灾探测器的传输线路，宜选择不同颜色的绝缘导线或电缆。正极"+"线应为红色，负极"−"线 为蓝色或黑色。同一工程中相同用途导线的颜色应一致，接线端子应有标号。

第六节 住宅建筑火灾自动报警系统设计（针对住户内报警系统）

一、一般规定

参照《火灾自动报警系统设计规范》GB 50116—2013 中 7.1.1 节和 7.1.2 节，住宅建筑火灾自动报警系统可以分为 A、B、C、D 四类，见表 13-2。注意，A 类为公区设置火灾自动报警系统的住宅建筑，B、C、D 类适用于公区不设火灾自动报警系统的住宅建筑。住户内使用的火灾报警设备可以参见《家用火灾安全系统》。

表 13-2 住宅建筑火灾自动报警系统的分类及组成表

系统类型	系统类型的选择	系统的基本组成
A 类	有物业集中监控管理且设有需联动控制的消防设施的住宅建筑应选用；仅有物业集中监控管理的住宅建筑宜选用	火灾报警控制器、家用火灾报警控制器、手动火灾报警按钮、家用火灾探测器、火灾声警报器、应急广播等设备
B 类	仅有物业集中监控管理的住宅建筑宜选用	控制中心监控设备、家用火灾报警控制器、家用火灾探测器、火灾声警报器等设备
C 类	没有物业集中监控管理的住宅建筑宜选用	家用火灾报警控制器、家用火灾探测器、火灾声警报器等设备
D 类	别墅式住宅和已投入使用的住宅建筑可选用	独立式火灾探测报警器、火灾声警报器等设备

注：1. 设计人员在选择系统类型时，考虑的主要因素是，是否有需要联动控制的消防设备，并根据业主实际需要选择。

2. 当系统有联动控制需求时，应按 A 类系统设计，并设置消防控制室或值班室。当住宅有物业集中监控管理时，消防控制室可与物业集中监控管理控制室合用。

二、系统设计

《火灾自动报警系统设计规范》 GB 50116—2013

7.2.1 A 类系统的设计应符合下列规定：

1. 系统在公共部位的设计应符合本规范第 3～6 章的规定。

2. 住户内设置的家用火灾探测器可接入家用火灾报警控制器，也可直接接入火灾报警控制器。

3. 设置的家用火灾报警控制器应将火灾报警信息、故障信息等相关信息传输给相连接的火灾报警控制器。

4. 建筑公共部位设置的火灾探测器应直接接入火灾报警控制器。

参见图 13-4，对于 A 类系统，开发商为便于后期管理与维护，一般采用方案Ⅱ。

7.2.2 B 类和 C 类系统的设计应符合下列规定：

1. 住户内设置的家用火灾探测器应接入家用火灾报警控制器。

2. 家用火灾报警控制器应能启动设置在公共部位的火灾声警报器。

3. B 类系统中，设置在每户住宅内的家用火灾报警控制器应连接到控制中心监控设备，控制中心监控设备应能显示发生火灾的住户。

参见图 13-5。

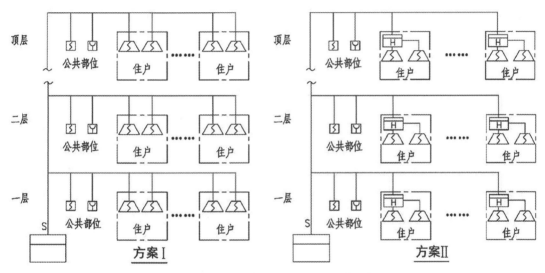

图 13-4 住宅建筑 A 类火灾自动报警系统

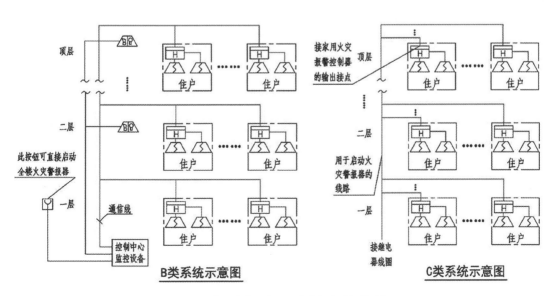

图 13-5 住宅建筑 B 类和 C 类火灾自动报警系统

7.2.3 D 类系统的设计应符合下列规定:

　　1. 有多个起居室的住户,宜采用互连型独立式火灾探测报警器。

　　2. 宜选择电池供电时间不少于 3 年的独立式火灾探测报警器。

7.2.4 采用无线方式将独立式火灾探测报警器组成系统时,系统设计应符合 A 类、B 类或 C 类系统之一的设计要求。

　　参见图 13-6。

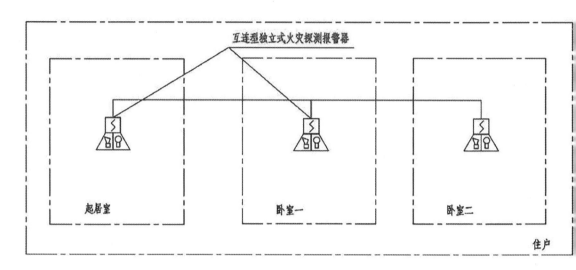

图 13-6　住宅建筑 D 类火灾自动报警系统

三、家用火灾报警控制器的设置

《火灾自动报警系统设计规范》 GB 50116—2013

7.4.1 家用火灾报警控制器应独立设置在每户内,且应设置在明显和便于操作的部位。当采用壁挂方式安装时,其底边距地高度宜为 1.3 ～ 1.5m。

7.4.2 具有可视对讲功能的家用火灾报警控制器宜设置在进户门附近。

四、火灾声警报器的设置

《火灾自动报警系统设计规范》 GB 50116—2013

7.5.1 住宅建筑公共部位设置的火灾声警报器应具有语音功能,且应能接受联动控制或由手动火灾报警按钮信号直接控制发出警报。

7.5.2 每台警报器覆盖的楼层不应超过 3 层,且首层明显部位应设置用于直接启动火灾声警报器的手动火灾报警按钮。

五、应急广播的设置

《火灾自动报警系统设计规范》 GB 50116—2013

7.6.1 住宅建筑内设置的应急广播应能接受联动控制或由手动火灾报警按钮信号直接控制进行广播。

7.6.2 每台扬声器覆盖的楼层不应超过 3 层。

7.6.3 广播功率放大器应具有消防电话插孔，消防电话插入后应能直接讲话。

7.6.4 广播功率放大器应配有备用电池，电池持续工作不能达到 1h 时，应能向消防控制室或物业值班室发送报警信息。

7.6.5 广播功率放大器应设置在首层内走道侧面墙上，箱体面板应有防止非专业人员打开的措施。

　　参见图 13-7。

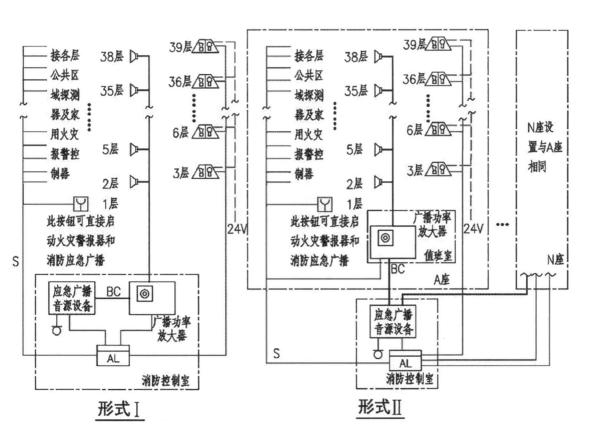

图 13-7　住宅建筑应急广播系统

第十四章 | 住宅公区应急照明设计

不同的住宅楼栋有着不同的户型搭配和不同的公共区域。住宅公区主要包含以下区域：首层主要是入口门廊、大堂、电梯厅、走道、架空层等；标准层主要是电梯厅或电梯合用前室、走道、走道前室、连廊等；另外还有上人屋面、屋顶风机房、楼梯间、水暖电的管井等。

应急照明包括安全照明、备用照明和疏散照明。住宅公区的应急照明电气设计即在正常电源停电的情况下，保证以上场所的正常工作、灭火救援行动的展开及保证应急疏散所进行的照明设计。

第一节　设计必备

需要掌握和了解的主要设计规范、标准及行业标准、设计手册：

1.《消防应急照明和疏散指示系统技术标准》GB 51309—2018

2.《消防应急照明和疏散指示系统》GB 17945—2010

3.《住宅建筑电气设计规范》JGJ 242—2011

4.《建筑设计防火规范》GB 50016—2014（2018 年版）

5.《民用建筑电气设计标准》GB 51348—2019

6.《住宅设计规范》GB 50096—2011

7.《建筑照明设计标准》GB 50034—2013

8.《应急照明设计与安装》19D702-7

9.《建筑电气常用数据》19DX101-1

10.《民用建筑电气设计与施工 照明控制与灯具安装》08D800—4

11.《建筑电气制图标准图示》12DX011

标粗字体为重点规范和图集，与公区电气设计相关的规范条文将在后续内容中进行详细说明。

第二节　重要规范内容提要及解读

、《消防应急照明和疏散指示系统技术标准》GB 51309—2018 的相关条文

.2 系统类型的选择应根据建、构筑物的规模、使用性质及日常管理及维护难易程度等因素确定，并符合下列规定：

1. 设置消防控制室的场所应选择集中控制型系统；

2. 设置火灾自动报警系统，但未设置消防控制室的场所宜选择集中控制型系统；

3. 其他场所可选择非集中控制型系统。

此条文涉及系统选型的依据。一类高层住宅一般设有消防控制室，采用集中控制型系统。集中控制型系统类似于火灾报警系统，采用总线制。

.6 住宅建筑中，当灯具采用自带蓄电池供电方式时，消防应急照明可以兼用日常照明。

考虑到维护管理方便，住宅建筑多采用集中电源方式。

.1 灯具的选择应符合下列规定：

4. 设置在距地面8m及以下的灯具的电压等级及供电方式应符合下列规定：

1) 应选择A型灯具；

2) 地面上设置的标志灯应选择集中电源A型灯具；

3) 未设置消防控制室的住宅建筑，疏散走道、楼梯间等场所可选择自带电源B型灯具。

如果未设置消防控制室，未采用集中控制系统，住宅公区可采用220V供电的自带蓄电池的应急照明灯具。

5. 灯具面板或灯罩的材质应符合下列规定：

1) 除地面上设置的标志灯的面板可以采用厚度4mm及以上的钢化玻璃外，设置在距地面1m及下的标志灯的面板或灯罩不应采用易碎材料或玻璃材质；

2) 在顶棚、疏散路径上方设置的灯具的面板或灯罩不应采用玻璃材质。

灯罩和标志灯面板不能采用玻璃材质。

6. 标志灯的规格应符合下列规定：

3) 室内高度小于3.5m的场所，应选择中型或小型标志灯。

住宅基本为中型或小型标志灯。

7. 灯具及其连接附件的防护等级应符合下列规定：

1） 在室外或地面上设置时，防护等级不应低于 IP67；

2） 在隧道场所、潮湿场所内设置时，防护等级不应低于 IP65；

3） B 型灯具的防护等级不应低于 lP34。

8. 标志灯应选择持续型灯具。

3.2.3 火灾状态下，灯具光源应急点亮、熄灭的响应时间应符合下列规定：

1. 高危险场所灯具光源应急点亮的响应时间不应大于 0.25s；

2. 其他场所灯具光源应急点亮的响应时间不应大于 5s；

3. 具有两种及以上疏散指示方案的场所，标志灯光源点亮、熄灭的响应时间不应大于 5s。

3.2.4 系统应急启动后，在蓄电池电源供电时的持续工作时间应满足下列要求：

1. 建筑高度大于 100m 的民用建筑，不应小于 1.5h。

2. 医疗建筑、老年人照料设施、总建筑面积大于 100 000m² 的公共建筑和总建筑面积大于 20 000m² 的地下、半地下建筑，不应少于 1.0h。

3. 其他建筑，不应少于 0.5h。

一类高层住宅系统应急启动后，蓄电池电源供电时的持续工作时间应不少于 30+10=40min。

3.2.5 照明灯应采用多点、均匀布置方式，建、构筑物设置照明灯的部位或场所疏散路径地面水平最低照度应符合表 3.2.5 的规定。

表 3.2.5 照明灯的部位或场所及其地面水平最低照度表	
设置部位或场所	地面水平最低照度
Ⅱ-1. 除Ⅰ-3 规定的敞开楼梯间、封闭楼梯间、防烟楼梯间及其前室，室外楼梯 Ⅱ-2. 消防电梯间的前室或合用前室 Ⅱ-3. 除Ⅰ-3 规定的避难走道 Ⅱ-4. 寄宿制幼儿园和小学的寝室、医院手术室及重症监护室等病人行动不便的病房等需要救援人员协助疏散的区域	不应低于 5.0lx
Ⅳ-1. 除Ⅰ-2、Ⅱ-4、Ⅲ-2～Ⅲ-5 规定场所的疏散走道、疏散通道 Ⅳ-2. 室内步行街 Ⅳ-3. 城市交通隧道两侧、人行横通道和人行疏散通道 Ⅳ-4. 宾馆、酒店的客房 Ⅳ-5. 自动扶梯上方或侧上方 Ⅳ-6. 安全出口外面及附近区域、连廊的连接处两端 Ⅳ-7. 进入屋顶直升机停机坪的途径 Ⅳ-8. 配电室、消防控制室、消防水泵房、自备发电机房等发生火灾时仍需工作、值守的区域	不应低于 1.0lx

住宅建筑的地面水平最低照度基本为 1.0lx 和 5.0lx。应注意Ⅳ-6条，需要在安全出口外面及附近区域、连廊的连接处两端设置应急灯。

2.8 出口标志灯的设置应符合下列规定：

1. 应设置在敞开楼梯间、封闭楼梯间、防烟楼梯间、防烟楼梯间前室入口的上方；

2. 地下或半地下建筑（室）与地上建筑共用楼梯间时，应设置在地下或半地下楼梯通向地面层疏散门的上方；

3. 应设置在室外疏散楼梯出口的上方；

4. 应设置在直通室外疏散门的上方；

5. 在首层采用扩大的封闭楼梯或防烟楼梯间时，应设置在通向楼梯间疏散门的上方；

6. 应设置在直通上人屋面、平台、天桥、连廊出口的上方；

7. 地下或半地下建筑（室）采用直通室外的竖向梯疏散时，应设置在竖向梯开口的上方；

8. 需要借用相邻防火分区疏散的防火分区中，应设置在通向被借用防火分区甲级防火门的上方；

9. 应设置在步行街两侧商铺通向步行街疏散门的上方；

10. 应设置在避难层、避难间、避难走道防烟前室、避难走道入口的上方。

住宅建筑的安全出口灯和疏散出口灯应符合此处规范。

2.9 方向标志灯的设置应符合下列规定：

1. 有维护结构的疏散走道、楼梯应符合下列规定：

1）应设置在走道、楼梯两侧距地面、梯面高度 1m 以下的墙面、柱面上；

2）当安全出口或疏散门在疏散走道侧边时，应在疏散走道上方增设指向安全出口或疏散门的方向标志灯；

3）方向标志灯的标志面与疏散方向垂直时，灯具的设置间距不应大于 20m；方向标志灯的标志面与疏散方向平行时，灯具的设置间距不应大于 10m。

2.10 楼梯间每层应设置指示该楼层的标志灯（以下简称"楼层标志灯"）。

电气专业需要和建筑专业确定好疏散方案，如屋顶疏散。

系统配电设计、控制器设计及系统线路选择如下。

第一，关于灯具的供电与电源转换。

3.1 系统配电应根据系统的类型、灯具的设置部位、灯具的供电方式进行设计。灯具的电源应由主电源和蓄电池电源组成，且蓄电池电源的供电方式分为集中电源供电方式和灯具自带蓄电池供电方式。

灯具的供电与电源转换应符合下列规定：

1. 当灯具采用集中电源供电时，灯具的主电源和蓄电池电源应由集中电源提供，灯具主电源和蓄电池电源在集中电源内部实现输出转换后应由同一配电回路为灯具供电；

2. 当灯具采用自带蓄电池供电时，灯具的主电源应通过应急照明配电箱一级分配电后为灯具供电，应急照明配电箱的主电源输出断开后，灯具应自动转入自带蓄电池供电。

3.3.2 应急照明配电箱或集中电源的输入及输出回路中不应装设剩余电流动作保护器，输出回路严禁接入系统以外的开关装置、插座及其他负载。

第二，关于水平疏散和竖向疏散单元。

3.3.3 水平疏散区域灯具配电回路的设计应符合下列规定：

1. 应按防火分区、同一防火分区的楼层、隧道区间、地铁站台和站厅等为基本单元设置配电回路；

2. 除住宅建筑外，不同的防火分区、隧道区间、地铁站台和站厅不能共用同一配电回路；

3. 避难走道应单独设置配电回路；

4. 防烟楼梯间前室及合用前室内设置的灯具应由前室所在楼层的配电回路供电；

5. 配电室、消防控制室、消防水泵房、自备发电机房等发生火灾时仍需工作、值守的区域和相关疏散通道，应单独设置配电回路。

3.3.4 竖向疏散区域灯具配电回路的设计应符合下列规定：

1. 封闭楼梯间、防烟楼梯间、室外疏散楼梯应单独设置配电回路；

2. 敞开楼梯间内设置的灯具应由灯具所在楼层或就近楼层的配电回路供电；

3. 避难层和避难层连接的下行楼梯间应单独设置配电回路。

第三，关于配电回路配接灯具。

3.3.5 任一配电回路配接灯具的数量、范围应符合下列规定：

1. 配接灯具的数量不宜超过60只；

3.3.6 任一配电回路的额定功率、额定电流应符合下列规定：

1. 配接灯具的额定功率总和不应大于配电回路额定功率的80%；

2. A型灯具配电回路的额定电流不应大于6A；B型灯具配电回路的额定电流不应大于10A。

第四，关于应急照明配电箱的设计。

3.3.7 灯具采用自带蓄电池供电时，应急照明配电箱的设计应符合下列规定：

1. 应急照明配电箱的选择应符合下列规定：

1）应选择进、出线口分开设置在箱体下部的产品；

2）在隧道场所、潮湿场所，应选择防护等级不低于IP65的产品；在电气竖井内，应选择防护等级不低于IP33的产品。

2. 应急照明配电箱的设置应符合下列规定：

1）宜设置于值班室、设备机房、配电间或电气竖井内。

2）人员密集场所，每个防火分区应设置独立的应急照明配电箱；非人员密集场所，多个相邻防火分区可设置一个共用的应急照明配电箱。

3）防烟楼梯间应设置独立的应急照明配电箱，封闭楼梯间宜设置独立的应急照明配电箱。

3. 应急照明配电箱的供电应符合下列规定：

1）集中控制型系统中，应急照明配电箱应由消防电源的专用应急回路或所在防火分区、同一防火分区的楼层、隧道区间、地铁站台和站厅的消防电源配电箱供电；

2）非集中控制型系统中，应急照明配电箱应由防火分区、同一防火分区的楼层、隧道区间、地铁站台和站厅的正常照明配电箱供电；

3）A 型应急照明配电箱的变压装置可设置在应急照明配电箱内或其附近。

4. 应急照明配电箱的输出回路应符合下列规定：

1）A 型应急照明配电箱的输出回路不应超过 8 路，B 型应急照明配电箱的输出回路不应超过 12 路；

2）沿电气竖井垂直方向为不同楼层的灯具供电时，应急照明配电箱的每个输出回路在公共建筑中的供电范围不宜超过 8 层，在住宅建筑的供电范围不宜超过 18 层。

第五，关于集中电源的设计。

3.3.8 灯具采用集中电源供电时，集中电源的设计应符合下列规定：

1. 集中电源的选择应符合下列规定：

1）应根据系统的类型及规模、灯具及其配电回路的设置情况、集中电源的设置部位及设备散热能力等因素综合选择适宜电压等级与额定输出功率的集中电源；集中电源额定输出功率不应大于 kW；设置在电缆竖井中的集中电源额定输出功率不应大于 1kW。

2）蓄电池电源宜优先选择安全性高、不含重金属等对环境有害物质的蓄电池（组）。

3）在隧道场所、潮湿场所，应选择防护等级不低于 IP65 的产品；在电气竖井内，应选择防护等级不低于 IP33 的产品。

2. 集中电源的设置应符合下列规定：

1）应综合考虑配电线路的供电距离、导线截面、压降损耗等因素，按防火分区的划分情况设置集中电源；灯具总功率大于 5kW 的系统，应分散设置集中电源。

2）应设置在消防控制室、低压配电室、配电间内或电气竖井内；设置在消防控制室内时，应符合本标准第 3.4.6 条的规定；集中电源的额定输出功率在不大于 1kW 时，可设置在电气竖井内。

3）设置场所不应有可燃气体管道、易燃物、腐蚀性气体或蒸汽。

4）酸性电池的设置场所不应存放带有碱性介质的物质；碱性电池的设置场所不应存放带有酸性

介质的物质。

5）设置场所宜通风良好，设置场所的环境温度不应超出电池标称的工作温度范围。

3. 集中电源的供电应符合下列规定：

1）集中控制型系统中，集中设置的集中电源应由消防电源的专用应急回路供电，分散设置的集中电源应由所在防火分区、同一防火分区的楼层、隧道区间、地铁站台和站厅的消防电源配电箱供电。

2）非集中控制型系统中，集中设置的集中电源应由正常照明线路供电，分散设置的集中电源应由所在防火分区、同一防火分区的楼层、隧道区间、地铁站台和站厅的正常照明配电箱供电。

4. 集中电源的输出回路应符合下列规定：

1）集中电源的输出回路不应超过8路；

2）沿电气竖井垂直方向为不同楼层的灯具供电时，集中电源的每个输出回路在公共建筑中的供电范围不宜超过8层，在住宅建筑的供电范围不宜超过18层。

第六，关于应急照明控制器的设计。

3.4.1 应急照明控制器的选型应符合下列规定：

1. 应选择具有能接收火灾报警控制器或消防联动控制器干接点信号或DC24V信号接口的产品。

2. 应急照明控制器采用通信协议与消防联动控制器通信时，应选择与消防联动控制器的通信接口和通信协议的兼容性满足现行国家标准《火灾自动报警系统组件兼容性要求》GB22134有关规定的产品。

3. 在隧道场所、潮湿场所，应选择防护等级不低于IP65的产品；在电气竖井内，应选择防护等级不低于IP33的产品。

4. 控制器的蓄电池电源宜优先选择安全性高、不含重金属等对环境有害物质的蓄电池。

3.4.2 任意一台应急照明控制器直接控制灯具的总数量不应大于3200。

3.4.3 应急照明控制器的控制、显示功能应符合下列规定：

1. 应能接收、显示、保持火灾报警控制器的火灾报警输出信号。具有两种及以上疏散指示方案场所中设置的应急照明控制器还应能接收、显示、保持消防联动控制器发出的火灾报警区域信号或联动控制信号；

2. 应能按预设逻辑自动、手动控制系统的应急启动，并应符合本标准第3.6.10～第3.6.12条的规定；

3. 应能接收、显示、保持其配接的灯具、集中电源或应急照明配电箱的工作状态信息。

3.4.7 应急照明控制器的主电源应由消防电源供电；控制器的自带蓄电池电源应至少使控制器在主电源中断后工作3h。

第七，关于系统线路的选择。

3.5.1 系统线路应选择铜芯导线或铜芯电缆。

3.5.2 系统线路电压等级的选择应符合下列规定：

1. 额定工作电压等级为 50V 以下时，应选择电压等级不低于交流 300V/500V 的线缆；

2. 额定工作电压等级为 220V/380V 时，应选择电压等级不低于交流 450V/750V 的线缆。

3.5.3 地面上设置的标志灯的配电线路和通信线路应选择耐腐蚀橡胶线缆。

3.5.4 集中控制型系统中，除地面上设置的灯具外，系统的配电线路应选择耐火线缆，系统的通信线路应选择耐火线缆或耐火光纤。

3.5.5 非集中控制型系统中，除地面上设置的灯具外，系统配电线路的选择应符合下列规定：

1. 灯具采用自带蓄电池供电时，系统的配电线路应选择阻燃或耐火线缆；

2. 灯具采用集中电源供电时，系统的配电线路应选择耐火线缆。

二、《住宅建筑电气设计规范》JGJ 242—2011 的相关条文

10.3.1 高层住宅建筑的楼梯间、电梯间及其前室和长度超过 20m 的内走道，应设置应急照明；中高层住宅建筑的楼梯间、电梯间及其前室和长度超过 20m 的内走道，宜设置应急照明。应急照明应由消防专用回路供电。

10.3.2 19 层及以上的住宅建筑，应沿疏散走道设置灯光疏散指示标志，并应在安全出口和疏散门的正上方设置灯光"安全出口"标志；10～18 层的二类高层住宅建筑，宜沿疏散走道设置灯光疏散指示标志，并宜在安全出口和疏散门的正上方设置灯光"安全出口"标志。建筑高度为 100m 或 35 层及以上住宅建筑的疏散标志灯应由蓄电池组作为备用电源；建筑高度 50～100m 且 19～34 层的一类高层住宅建筑的疏散标志灯宜由蓄电池组作为备用电源。

10.3.3 高层住宅建筑楼梯间应急照明可采用不同回路跨楼层竖向供电,每个回路的光源数不宜超过 20 个。

《消防应急照明和疏散指示系统技术标准》GB 51309—2018 已要求竖向疏散单元单独回路，且灯具数量不超过 60 盏。

三、《建筑设计防火规范》GB 50016—2014（2018 年版）的相关条文

10.3.1 除建筑高度小于 27m 的住宅建筑外，民用建筑、厂房和丙类仓库的下列部位应设置疏散照明：

1. 封闭楼梯间、防烟楼梯间及其前室、消防电梯间的前室或合用前室、避难走道、避难层（间）；

2. 观众厅、展览厅、多功能厅和建筑面积大于 200m² 的营业厅、餐厅、演播室等人员密集的场所；

3. 建筑面积大于 100m² 的地下或半地下公共活动场所；

4. 公共建筑内的疏散走道；

5. 人员密集的厂房内的生产场所及疏散走道。

考虑到疏散难度和人们对环境的熟悉程度，多层住宅建筑可以不设置疏散照明。

10.3.2 建筑内疏散照明的地面最低水平照度应符合下列规定：

　　1. 对于疏散走道，不应低于 1.0lx；

　　2. 对于人员密集场所、避难层（间），不应低于 3.0lx；对于老年人照料设施、病房楼或手术部的避难间，不应低于 10.0lx；

　　3. 对于楼梯间、前室或合用前室、避难走道，不应低于 5.0lx；对于人员密集场所、老年人照料设施、病房楼或手术部内的楼梯间、前室或合用前室、避难走道，不应低于 10.0lx。

　　根据以上条款，除超高层住宅外，住宅建筑内疏散照明的地面最低水平照度，疏散走道不应低于 1.0lx，楼梯间、前室或合用前室不应低于 5.0lx。

10.3.3 消防控制室、消防水泵房、自备发电机房、配电室、防排烟机房以及发生火灾时仍需正常工作的消防设备房应设置备用照明，其作业面的最低照度不应低于正常照明的照度。

　　高层住宅的备用照明须通过双电源保证。

10.3.4 疏散照明灯具应设置在出口的顶部、墙面的上部或顶棚上；备用照明灯具应设置在墙面的上部或顶棚上。

10.3.5 公共建筑、建筑高度大于 54m 的住宅建筑、高层厂房（库房）和甲、乙、丙类单、多层厂房，应设置灯光疏散指示标志，并应符合下列规定：

　　1. 应设置在安全出口和人员密集的场所的疏散门的正上方；

　　2. 应设置在疏散走道及其转角处距地面高度 1.0m 以下的墙面或地面上。灯光疏散指示标志的间距不应大于 20m；对于袋形走道，不应大于 10m；在走道转角区，不应大于 1.0m。

　　高层住宅均设置了疏散指示标志。考虑到疏散难度和人们对环境的熟悉程度，建筑高度不大于 54m 的住宅建筑可以不设置灯光疏散指示标志。

四、《民用建筑电气设计标准》GB 51348—2019 的相关条文

13.6.1 灯具在地面设置时，每个回路不超过 64 盏灯；灯具在墙壁或顶棚设置时，每个回路不宜超过 25 盏灯。

13.6.2 消防应急疏散照明的蓄电池组在非点亮状态下，不得中断蓄电池的充电电源。疏散标志灯平时应处于点亮状态，疏散照明灯可工作在非点亮状态。

13.6.3 消防应急疏散照明系统的配电线路应穿热镀锌金属管保护敷设在不燃烧体内，在吊顶内敷设的线路应采用耐火导线穿采取防火措施的金属导管保护。

13.6.4 在机房或消防控制中心等场所设置的备用照明，当电源满足负荷分级要求时，不应采用蓄电池组供电。

13.6.5 消防疏散照明灯及疏散指示标志灯设置应符合下列规定：

1. 消防应急（疏散）照明灯应设置在墙面或顶棚上，设置在顶棚上的疏散照明灯不应采用嵌入式安装方式。灯具选择、安装位置及灯具间距以满足地面水平最低照度为准；疏散走道、楼梯间的地面水平最低照度，按中心线对称50%的走廊宽度为准；大面积场所疏散走道的地面水平最低照度，按中心线对称疏散走道宽度均匀满足50%范围为准。

2. 疏散指示标志灯在顶棚安装时，不应采用嵌入式安装方式。安全出口标志灯，应安装在疏散口的内侧上方，底边距地不宜低于2.0m；疏散走道的疏散指示标志灯具，应在走道及转角处离地面1.0m以下墙面上、柱上或地面上设置，采用顶装方式时，底边距地宜为2.0～2.5m。

设在墙面上、柱上的疏散指示标志灯具间距在直行段为垂直视觉时不应大于20m,侧向视觉时不应大于10m；对于袋形走道，不应大于10m。

交叉通道及转角处宜在正对疏散走道的中心的垂直视觉范围内安装，在转角处安装时距角边不应大于1m。

3. 设在地面上的连续视觉疏散指示标志灯具之间的间距不宜大于3m。

4. 一个防火分区中，标志灯形成的疏散指示方向应满足最短距离疏散原则，标志灯设计形成的疏散途径不应出现循环转圈而找不到安全出口。

5. 装设在地面上的疏散标志灯，应防止被重物或受外力损坏，其防水、防尘性能应达到IP67的防护等级要求。地面标志灯不应采用内置蓄电池灯具。

6. 疏散照明灯的设置，不应影响正常通行，不得在其周围存放有容易混同以及遮挡疏散标志灯的其他标志牌等。

7. 疏散标志灯的设置位置可按图13.6.5-1和图13.6.5-2布置。

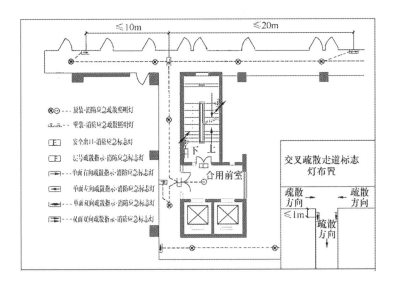

图13.6.5-1 疏散走道，防烟楼梯间及前室疏散照明布置示意

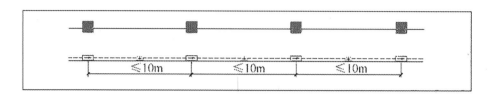

图 13.6.5-2　直行疏散走道疏散照明布置示意

13.6.6 备用照明及疏散照明的最少持续供电时间及最低照度,应符合表 13.6.6 的规定。

此处规范规定了高层住宅应急照明系统,单个回路可以供电的应急照明灯具数量、灯具敷设方式、安装要求、蓄电池设置、设置部位、最少持续供电时间和照度要求。

五、《住宅设计规范》GB 50096—2011 的相关条文

8.7.9 当发生火警时,疏散通道上和出入口处的门禁应能集中解锁或能从内部手动解锁。

此处规范须了解。

六、《民用建筑电气设计标准》GB 51348—2019

《13.2.3 消防应急照明系统包括疏散照明和备用照明。消防疏散通道应设置疏散照明,火灾时供消防作业及救援人员继续工作的场所,应设置备用照明。其设置应符合下列规定:

1. 下列民用建筑及场所应设置疏散照明:

1）开敞式疏散楼梯间;

2）歌舞娱乐、放映游艺厅等场所;

3）建筑面积超过 400m² 的办公场所、会议场所。

此部分是对《建筑设计防火规范》GB 50016—2014（2018 年版）中的疏散指示标志系统的设置范围做了相应的补充或细化,应严格执行。

表 13.6.6 消防应急照明最少持续供电时间及最低水平和垂直照度

区域类别	场所举例	最少持续供电时间（min）		地面水平最低照度	
		备用照明	疏散照明	备用照明	疏散照明
平面疏散区域	建筑高度100m及以上的住宅建筑疏散走道	—	≥ 90	—	≥ 1
	建筑高度100m及以上的公共建筑的疏散走道			—	≥ 3
	人员密集场所、老年人照料设施、病房楼或手术部内的前室或合用前室、避难间、避难走道	—	≥ 60	—	≥ 10
	医疗建筑、100 000m² 以上的公共建筑、20 000m² 以上的地下及半地下公共建筑			—	≥ 3
	建筑高度27m及以上的住宅建筑疏散走道	—	≥ 30	—	≥ 1
	除另有规定外，建筑高度100m以下的公共建筑			—	≥ 3
竖向疏散区域	人员密集场所、老年人照料设施、病房楼或手术部内的疏散楼梯间	—	应满足以上 3 项要求	—	≥ 10
	疏散楼梯			—	≥ 5
航空疏散场所	屋顶消防救护用直升机停机坪	≥ 90	—	正常照明照度50%	—
避难疏散区域	避难层		—	正常照明照度50%	—
消防工作区域	消防控制室、电话总机房	≥ 180 或 ≥ 120	—	正常照明照度	—
	配电室、发电站		—	正常照明照度	—
	消防水泵房、防排烟风机房		—	正常照明照度	—

注：1. 当消防性能化有时间要求时，最少持续供电时间应满足消防性能化要求；

2. 120min 为建筑火灾延续时间为 2h 的建筑物。

第三节　电气平面设计

一、接收相关专业条件

建筑专业：主要接收概况说明建筑分类、各层的平面、立面图纸等。需要和建筑专业确定好应急疏散方案。

结构专业：主要接收梁图。

另外，针对建设方对公区装修的要求，由建设方要提供电气需要配合的条件图（设计任务书）。了解一些知名应急照明灯具、应急照明控制器厂家的产品资料等。

二、清理图纸

删除或关闭与电气无关的图层或标注，保留各轴号尺寸、各标高、建筑空间名称等，打印时淡显50%，以便重点突出电气的图例与管线，方便阅图。图纸清理详见本书第二章"住宅套内电气设计"中的图纸清理实例图。

电气制图相关设计要求参照《建筑电气制图标准》GB/T 50786—2012。

三、设置范围及系统选型

在设置范围上，建筑高度小于27m的住宅建筑可不设置疏散照明及灯光疏散指示标志；建筑高度小于54m的住宅建筑可不设置灯光疏散指示标志。

在系统选型上，设置消防控制室的场所应选择集中控制型系统；设置火灾自动报警系统，但未设置消防控制室的场所宜选择集中控制型系统；其他场所可选择非集中控制系统，建议采用集中电源形式，方便管理维护。

四、配电箱和灯具布点

首先，确定应急照明配电箱或应急照明集中电源。

应急照明箱或应急照明集中电源（功率不大于1kW）设置在电井中。一类高层住宅按30层左右来考虑，从回路分配、功率和成本的角度综合考虑，可设3个公共应急照明箱，分别设置在6层、16层和26层（与普通照明、弱电箱等不同层设置），这样可以做到供电范围均匀分配，且保证灯具供电的压降要求。应急照明箱或应急照明集中电源安装在标准层的强电井中，底距地1.5m挂墙明装。

其次，进行应急照明灯具的布点。

关于首层大堂和标准层灯具布点，未设置消防控制室的住宅建筑，楼梯间、疏散走道可以设置型灯具。甲方若有提资装修要求，则按装修条件里面的灯具点位来布置。若有吊顶，应急照明灯宜采用吸顶安装；若无吊顶，宜采用壁挂式安装。应区分安全出口标志灯、疏散出口标志灯的使用场所。对于直接通往室外的疏散门，采用安全出口标志灯，其余采用疏散出口标志灯。对于屋顶的楼梯间，应在直通上人屋面出口的上方设置疏散出口标志灯，见图 14-1。

五、楼梯间应急照明

需要特别注意剪刀梯的接线。上下层剪刀梯不属于同一楼梯间，需要采用不同的应急照明回路，见图 14-2。

六、照明光源选择和照度计算

安全照明和备用照明可采用正常照明灯具，在火灾时保持正常的照度。照度计算见图 14-3。除未设置消防控制室的住宅建筑外，疏散走道和楼梯间等场所可选择自带电源 B 型灯具，其余住宅建筑多采用 A 型消防应急灯具，即主电源和蓄电池电源额定工作电压均不大于 DC36V 的消防应急灯具。应急疏散照明的照度计算见图 14-4。

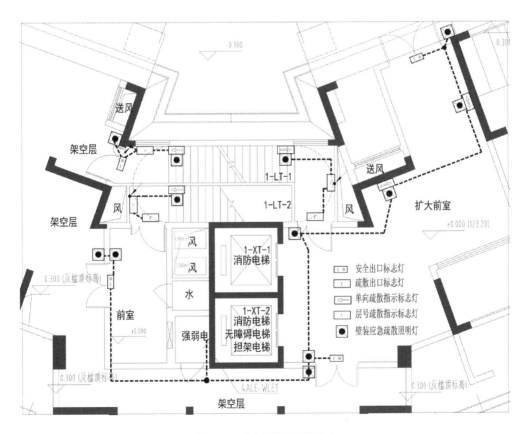

图 14-1　应急照明平面图示意

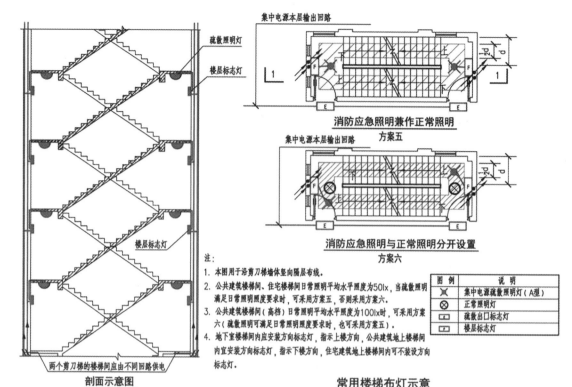

图 14-2　常用剪刀梯布灯示意

应急照明照度计算

1. 安全照明和备用照明的照度

安全照明和备用照明的照度均是指工作面上平均水平照度值，此平均照度除计入光源直射光通量外，还计入了房间各表面反射光通量，消防备用照明是指工作面平均水平照度值，其计算方法采用平均照度计算方法。

采用利用系数法计算平均照度的基本公式见式（1）：

$$E_{av}=\frac{N\Phi UK}{A} \tag{1}$$

式中：E_{av}— 工作面上的平均照度（lx）；

　　　Φ— 光源光通量（lm）；

　　　N— 光源数量；

　　　U— 利用系数；

　　　A— 工作面面积（m^2）；

　　　K— 灯具的维护系数，其值见表1。

表1　**灯具的维护系数**

环境污染特征		房间或场所举例	灯具最少擦拭次数（次/年）	维护系数值
室内	清洁	卧室、办公室、餐厅、阅览室、教室、病房、客房、仪器仪表装配间、电子元器件装配间	2	0.8
	一般	商店营业厅、候车室、影剧院、机械加工车间、机械装配车间、体育馆等	2	0.7
	污染严重	厨房、锻工车间、铸工车间、水泥车间等	3	0.6
室外		雨篷、站台	2	0.65

例1 某配电室室长16m、宽14m、高4.2m，室内表面反射比分别为：顶棚0.7、墙面0.5、地面0.2，清洁环境。采用31W的LED灯具照明，31W的LED灯具光通量3500lm，其利用系数见表2。灯具吊杆安装，吊杆长度1.0m，要求距离地面0.75m高的工作面上的平均照度为200lx，需要多少套灯具？

解：1）填写原始数据：灯具光源光通量 Φ =3500lm，室长L=16m，宽W=14m、高H=4.2m，吊杆长度1.0m，反射率：顶棚ρc=0.7、墙面ρw=0.5、地面ρfc=0.2，顶棚空间高hc=1.0m，地板空间高hf=0.75m，室空间高hr=4.2-0.75-1.0=2.45m。清洁环境，维护系数K=0.8。

2）计算室形指数：

$$Ri=\frac{2S}{hr\times2\times(L+W)}=\frac{L\times W}{hr\times(L+W)}=\frac{16\times14}{2.45\times(16+14)}=3.05$$

3）求有效反射比：

精度不高时，ρcc（有效顶棚反射率）=ρc=0.7、ρw=0.5、ρfc=0.2

4）查灯具维护系数（本页表1）查维护系数 K=0.8。

5）查利用系数表（第32页表2）

R1=3.0,U1=1.03、R2=4.0, U2=1.06、Ri=3.05 用内插法求Ui

利用系数Ui

$$Ui=U1+\frac{U2-U1}{R2-R1}\times(Ri-R1)=1.03+\frac{1.06-1.03}{4.0-3.0}\times(3.05-3.0)=1.032$$

6）计算灯具数量：

$$N=\frac{E_{av}A}{\Phi UK}=\frac{200\times16\times14}{3500\times1.032\times0.8}=15.5$$

灯具取整数，共16套灯。

图 14-3　应急照明照度计算（1）

表2 灯具利用系数表

有效顶棚反射比(%)	80		70				50		30		0
墙面反射比(%)	50	50	50	50	50	30	30	10	30	10	0
地面反射比(%)	30	10	30	20	10	10	10	10	10	10	0
室形指数 Ri	利用系数										
0.60	0.62	0.59	0.62	0.60	0.59	0.53	0.53	0.49	0.52	0.49	0.47
0.80	0.73	0.69	0.72	0.70	0.68	0.62	0.62	0.58	0.61	0.58	0.56
1.00	0.82	0.76	0.80	0.78	0.75	0.70	0.69	0.65	0.68	0.65	0.63
1.25	0.90	0.82	0.88	0.84	0.81	0.76	0.76	0.72	0.75	0.72	0.70
1.50	0.95	0.86	0.93	0.89	0.86	0.81	0.80	0.77	0.79	0.76	0.75
2.00	1.04	0.92	1.01	0.96	0.92	0.88	0.87	0.84	0.86	0.83	0.81
2.50	1.09	0.96	1.06	1.00	0.95	0.92	0.91	0.89	0.90	0.88	0.86
3.00	1.12	0.98	1.09	1.03	0.97	0.95	0.93	0.92	0.92	0.90	0.88
4.00	1.17	1.01	1.13	1.06	1.00	0.98	0.95	0.95	0.95	0.93	0.91
5.00	1.19	1.02	1.16	1.08	1.01	1.00	0.98	0.96	0.96	0.95	0.93

式中:Eh−点光源产生的水平照度Eh(lx);

I_θ−点光源在θ角度照射方向的光强(cd);

h−光源的安装高度(或计算高度)(m);

cosθ−地面通过光源的法线与入射光线的夹角的余弦;

K−灯具的维护系数,其值见表1.

例2:采用吸顶射灯对地面进行照明,天花板高2.5m,该吸顶灯为对称配光,灯具配光长轴A−A与短轴B−B光强值相同,灯具光强值见表3,图中光轴对准地面,求距灯具投影点2.5m处的水平照度.

表3 发光强度值

θ (°)		0	5	10	15	20	25	30	35	40
I_θ (cd)	B−B	191	191	189	188	183	177	169	160	151
	A−A	191	191	189	188	183	177	169	160	151
θ (°)		45	50	55	60	65	70	75	80	85
I_θ (cd)	B−B	143	131	119	105	85	70	54	35	12
	A−A	143	131	119	105	85	70	54	35	12

解:本题采用公式 $Eh=K\times\dfrac{I_\theta \cos^3\theta}{h^2}$

h=2.5m,r=2.5m,$d=\sqrt{h^2+r^2}=\sqrt{2.5^2+2.5^2}=2.5\sqrt{2}$

$\cos\theta=\dfrac{h}{d}=\dfrac{2.5}{2.5\sqrt{2}}=\dfrac{1}{\sqrt{2}}$　θ=45°

光强应取表3中θ=45°时的值,即I_θ=143cd,则:

$Eh=K\times\dfrac{I_\theta \cos^3\theta}{h^2}=0.8\times\dfrac{143\times(\frac{1}{\sqrt{2}})^3}{2.5^2}=6.47(lx)$

2.疏散照明的照度

疏散照明照度均是指地面水平最低照度,即在疏散照明要求的区域内的点照度值,此值仅基于来自灯具的直射光,不考虑房间表面相互反射的影响,采用点照度计算方法计算。点照度计算水平照度的基本公式见式(2)。

$$Eh=K\times\frac{I_\theta \cos^3\theta}{h^2} \qquad (2)$$

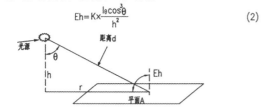

图 14-4　应急照明照度计算(2)

第四节 配电系统设计及表达

一、应急照明配电箱和应急照明集中电源的系统图设计

应急照明配电箱和应急照明集中电源一般为成套提供,控制在8个回路及以下,因多在电井内布置,故容量控制在1kW及以下,见图14-5。

二、应急照明系统干线图

采用竖向干线接线图表达,清晰明了,见图14-6。

三、线缆选择

通信干线采用 WDZN-RYJ-2X1.5mm² 或 WDZN-RYJ-2X2.5mm²,配电箱进线采用 WDZN-BTLY-x4mm² 或 WDZN-BTLY-3x6mm²。出线多采用两线制,即通信线和电源线共用一组线,采用 WDZN-BYJ-x2.5mm²。

四、系统控制

按规范要求控制。

经过以上的各步骤分析与设计，即完整地完成了住宅楼栋的公区应急照明电气设计。公区的应急照明电气设计主要是配电箱、灯具布点及回路设计，虽然并不复杂，但是需要充分理解规范要求，方便后期管理维护。以下几点需要在设计中特别注意：

第一，确定应急照明系统形式（电气设计第一步）；第二，确定疏散方案；第三，灯具布点到位；第四，灯具回路组织及连线，特别注意剪刀梯的接线；第五，应急照明主干配电系统可以采用链式接线；第六，应急照明配电箱或应急照明集中电源通常采用成套装置。

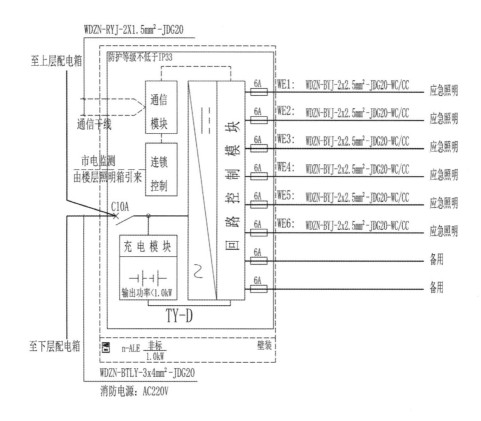

图 14-5 应急照明集中电源系统图

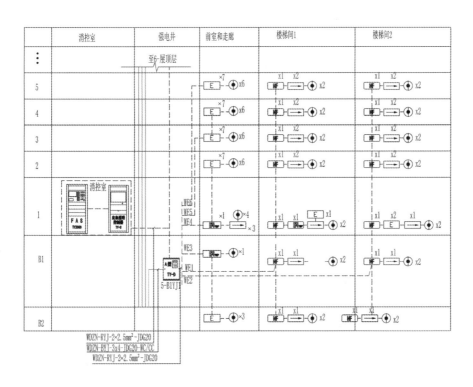

图 14-6 应急照明系统干线图

第十五章 | 住宅防雷接地设计

建（构）筑物应因地制宜地采取防雷措施，防止或减少雷击建（构）筑物所发生的人身伤亡和财产损失，以及雷击产生的电磁脉冲引发的电气和电子系统损坏或错误运行。防雷设施应安全可靠、技术先进、经济合理，防雷接地属于建筑电气设计中典型的"知识点多、图纸量少"的内容，本章旨在让初学者在理解规范相关条文后，能查阅相关国标图集，快速上手作图，同时也讲解涉及的知识点。

第一节　国家现行的主要设计规范、标准及行业标准、国标图集

1.《建筑物防雷设计规范》GB 50057—2010

2.《建筑物电子信息系统防雷技术规范》GB 50343—2012

3.《防雷装置设计技术评价规范》QX/T 106—2018

4.《系统接地的型式及安全技术要求》GB 14050—2008

5.《交流电气装置的接地设计规范》GB/T 50065—2011

6.《低压电气装置 第5～54部分：电气设备的选择和安装 接地配置和保护导体》GB/T 16895.3—2017

7.《建筑物电气装置 第5部分：电气设备的选择和安装 第55章：其他设备 第551节：低压发电设备》GB 16895.20—2017

8.《电气装置安装工程 接地装置施工及验收规范》GB 50169—2016

9.《民用建筑电气设计标准》GB 51348—2019

10.《防雷与接地设计施工要点》15D500

11.《建筑物防雷设施安装》15D501

12.《等电位联结安装》15D502

13.《利用建筑物金属体做防雷及接地装置安装》15D503

14.《接地装置安装》14D504

在 2015 年 5 月末，取消"雷电灾害风险评估"行政审批之前，各省市气象局、质量监督局出台了相关的雷电风险评估地方标准，但在中国气象局下发《关于取消第一批行政审批中介服务事项的通知》后，设计中并未执行此类地方标准，本章节中也将不再引用。

防雷设计中，依据的条文必须为国家及行业规范标准，而实际设计做法、材料设备选择、施工措施可参考国标图集。与规范或标准相关的条文将在设计示例中进行说明。

第二节 接收相关专业条件

建筑专业主要接收全套平面、立面图纸、幕墙大样（如有石材、玻璃等幕墙）、屋顶大样图（屋面构造做法）。结构专业主要接收结构专业底板平面图、基础大样图（独立基础、桩基础、筏板基础等）、屋顶梁板图的梁图。给排水专业主要接收室外管网接入图、屋顶设备平面布置图、屋顶设备布置立面图、屋顶水箱、太阳能集热板、水泵等设备布置图。暖通专业主要接收屋顶设备平面布置图、屋顶设备布置立面图。

第三节 清理图纸

删除或关闭与电气无关的图层或标注，将设备、金属构筑物等设置为打印时淡显 50%，以便重点突出电气的内容，方便阅图，图纸清理详见图 15-1。

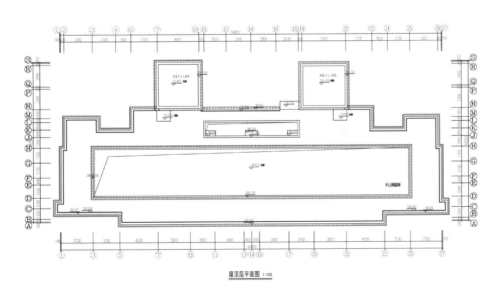

屋顶层平面图 1:100

图 15-1 已清理好的屋顶层平面图示例（图中女儿墙、屋面标高等须清晰易读）

将机房层屋面、裙楼屋面、退台屋面（高层建筑较少）等均叠加在屋顶层平面图上。电气制图相关设计要求参见《建筑电气制图标准》GB/T 50786—2012。

第四节 防雷设计

一、确定类别

确定居住类建筑物的防雷分类，按照《建筑物防雷设计规范》GB50057—2010：3.0.3 或 3.0.4，以及"附录 A 建筑物年预计雷击次数"确定。

A.0.1 建筑物年预计雷击次数应按下式计算：

$$N=k×Ng×Ae \qquad (A.0.1)$$

式中：N——建筑物年预计雷击次数（次/a）；

k——校正系数，在一般情况下取 1；位于河边、湖边、山坡下或山地中土壤电阻率较小处、地下水露头处、土山顶部、山谷风口等处的建筑物，以及特别潮湿的建筑物取 1.5；金属屋面没有接地的砖木结构建筑物取 1.7；位于山顶上或旷野的孤立建筑物取 2；

Ng——建筑物所处地区雷击大地的年平均密度（次/km·a）；

Ae——与建筑物截收相同雷击次数的等效面积（km²）。

当一类高层建筑防雷类别计算结果为三类时，若当地气象部门有相关要求，可按二类防雷进行设计，因为两者在造价上并无太大差别，可适当提高标准保证人身及财产安全。以下防雷措施均按二类防雷为例进行讲解。

二、防直击雷设计

关于接闪器，《建筑物防雷设计规范》GB 50057—2010 中相关条文解读如下：

4.3.1 第二类防雷建筑物外部防雷的措施，宜采用装设在建筑物上的接闪网、接闪带或接闪杆，也可采用由接闪网、接闪带或接闪杆混合组成的接闪器。接闪网、接闪带应按本规范附录 B 的规定沿屋角、屋脊、屋檐和檐角等易受雷击的部位敷设，并应在整个屋面组成不大于 10m×10m 或 12m×8m 的网格；当建筑物高度超过 45m 时，首先应沿屋顶周边敷设接闪带，接闪带应设在外墙外表面或屋檐边垂直面上，也可设在外墙外表面或屋檐边垂直面外。接闪器之间应互相连接。

此规范规定接闪器的组成、敷设位置、网格尺寸。对于网格尺寸，尤其应注意不同标高上的网格应单独计算尺寸，不应将不同标高上的网格合并计算。

4.3.9 高度超过 45m 的建筑物，除屋顶的外部防雷装置应符合本规范第 4.3.1 条的规定外，尚应符合下列规定：

1. 对水平突出外墙的物体，当滚球半径 45m 球体从屋顶周边接闪带外向地面垂直下降接触到突出外墙的物体时，应采取相应的防雷措施。

2. 高于 60m 的建筑物，其上部占高度 20％并超过 60m 的部位应防侧击，防侧击应符合下列规定：

1）在建筑物上部占高度 20％并超过 60m 的部位，各表面上的尖物、墙角、边缘、设备以及显著突出的物体，应按屋顶上的保护措施处理。

2）在建筑物上部占高度 20％并超过 60m 的部位，布置接闪器应符合对本类防雷建筑物的要求，接闪器应重点布置在墙角、边缘和显著突出的物体上。

3）外部金属物，当其最小尺寸符合本规范第 5.2.7 条第 2 款的规定时，可利用其作为接闪器，还可利用布置在建筑物垂直边缘处的外部引下线作为接闪器。

4）符合本规范第 4.3.5 规定的钢筋混凝土内钢筋和符合本规范第 5.3.5 条规定的建筑物金属框架，当作为引下线或与引下线连接时，均可利用其作为接闪器。

3. 外墙内、外竖直敷设的金属管道及金属物的顶端和底端，应与防雷装置等电位连接。

条文中第一款阐述了屋顶接闪带无法保护的突出外墙物体的防雷措施，当外墙设置航空障碍灯和立面泛光灯时，应重点考虑相关措施。

4.5.7 对第二类和第三类防雷建筑物，应符合下列规定：

1. 没有得到接闪器保护的屋顶孤立金属物的尺寸不超过下列数值时，可不要求附加的保护措施：

1）高出屋顶平面不超过 0.3m。

2）上层表面总面积不超过 1.0m²。

3）上层表面的长度不超过 2.0m。

2. 不处在接闪器保护范围内的非导电性屋顶物体，当它没有突出由接闪器形成的平面 0.5m 以上时，可不要求附加增设接闪器的保护措施。

孤立金属物的尺寸只要超过 1）~3）中其中一条，均应设置附加保护措施，非导电性屋顶物体突出接闪器形成的平面超过 0.5m 时，应设接闪器，并与屋面防雷装置连接。

关于引下线，《建筑物防雷设计规范》GB 50057—2010 中相关条文解读如下：

4.3.3 专设引下线不应少于 2 根，并应沿建筑物四周和内庭院四周均匀对称布置，其间距沿周长计算不应大于 18m。当建筑物的跨度较大，无法在跨距中间设引下线时，应在跨距端设引下线并减小其他引下线的间距，专设引下线的平均间距不应大于 18m。

当建筑物墙柱内无金属体时才需要设置专设引下线，设置专设引下线时应满足上述条文的相关要求。

.3.6 采用多根专设引下线时，应在各引下线上距地面 0.3 ~ 1.8m 处装设断接卡。

当利用混凝土内钢筋、钢柱作为自然引下线并同时采用基础接地体时，可不设断接卡，但利用钢筋作引下线时应在室内外的适当地点设若干连接板。当仅利用钢筋作引下线并采用埋于土壤中的人工接地体时，应在每根引下线上距地面不低于 0.3m 处设接地体连接板。采用埋于土壤中的人工接地体时应设断接卡，其上端应与连接板或钢柱焊接。连接板处宜有明显标志。

连接板的设置，一般据建筑四周的引下线(平面图指定)在首层高出地面 0.5m 处预埋接地引出端子板。

5.3.8 第二类防雷建筑物或第三类防雷建筑物为钢结构或钢筋混凝土建筑物时，在其钢构件或钢筋之间的连接满足本规范规定并利用其作为引下线的条件下，当其垂直支柱均起到引下线的作用时，可不要求满足专设引下线之间的间距。

当实际利用柱内钢筋作为引下线时，设计时仍须满足间距、连接方式、尺寸规格等要求。

屋顶层防雷平面图如图 15-2。

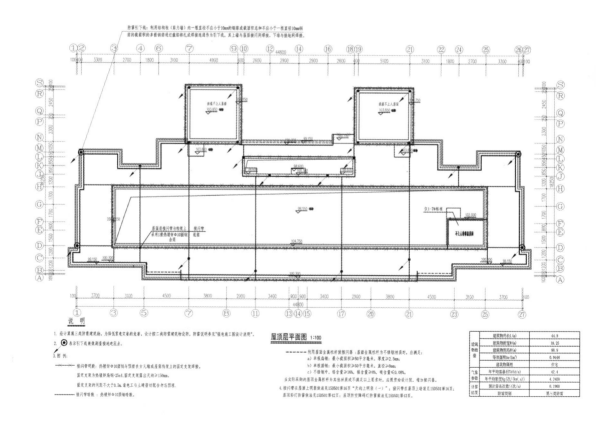

图 15-2　屋顶层防雷平面图

三、防闪电电涌设计

《建筑物防雷设计规范》GB50057—2010

4.3.8 防止雷电流流经引下线和接地装置时产生的高电位对附近金属物或电气和电子系统线路的反击，应符合下列规定：

1. 在金属框架的建筑物中，或在钢筋连接在一起、电气贯通的钢筋混凝土框架的建筑物中，金属物或线路与引下线之间的间隔距离可无要求；在其他情况下，金属物或线路与引下线之间的间隔距离应按下式计算：

$$Sa3 \geqslant 0.06kclx \qquad (4.3.8)$$

式中：$Sa3$——空气中的间隔距离（m）；

lx——引下线计算点到连接点的长度（m），连接点即金属物或电气和电子系统线路与防雷装置之间直接或通过电涌保护器相连之点。

2. 当金属物或线路与引下线之间有自然或人工接地的钢筋混凝土构件、金属板、金属网等静电屏蔽物隔开时，金属物或线路与引下线之间的间隔距离可无要求。

3. 当金属物或线路与引下线之间有混凝土墙、砖墙隔开时，其击穿强度应为空气击穿强度的1/2。当间隔距离不能满足本条第1款的规定时，金属物应与引下线直接相连，带电线路应通过电涌保护器与引下线相连。

4. 在电气接地装置与防雷接地装置共用或相连的情况下，应在低压电源线路引入的总配电箱、配电柜处装设Ⅰ级试验的电涌保护器。电涌保护器的电压保护水平值应小于或等于2.5kV。每一保护模式的冲击电流值，当无法确定时应取等于或大于12.5kA。

5. 当Yyn0型或Dyn11型接线的配电变压器设在本建筑物内或附设于外墙处时，应在变压器高压侧装设避雷器；在低压侧的配电屏上，当有线路引出本建筑物至其他有独自敷设接地装置的配电装置时，应在母线上装设Ⅰ级试验的电涌保护器，电涌保护器每一保护模式的冲击电流值，当无法确定时，冲击电流应取等于或大于12.5kA；当无线路引出本建筑物时，应在母线上装设Ⅱ级试验的电涌保护器，电涌保护器每一保护模式的标称放电电流值应等于或大于5kA。电涌保护器的电压保护水平值应小于或等于2.5kV。

6. 低压电源线路引入的总配电箱、配电柜处装设Ⅰ级试验的电涌保护器，以及配电变压器设在本建筑物内或附设于外墙处，并在低压侧配电屏的母线上装设Ⅰ级试验的电涌保护器时，电涌保护器每一保护模式的冲击电流值，当电源线路无屏蔽层时可按本规范式(4.2.4-6)计算，当有屏蔽层时可按本规范式(4.2.4-7)计算，式中的雷电流应取等于150kA。

7. 在电子系统的室外线路采用金属线时，其引入的终端箱处应安装D1类高能量试验类型的电涌保护器，其短路电流当无屏蔽层时可按本规范式(4.2.4-6)计算，当有屏蔽层时可按本规范式(4.2.4-7)

计算，式中的雷电流应取等于 150kA；当无法确定时应选用 1.5kA。

8. 在电子系统的室外线路采用光缆时，其引入的终端箱处的电气线路侧，当无金属线路引出本建筑物至其他有自己接地装置设备时可安装 B2 类慢上升率试验类型的电涌保护器，其短路电流宜选用 75A。

9. 输送火灾爆炸危险物质和具有阴极保护的埋地金属管道，当其从室外进入户内处设有绝缘段时，应符合本规范第 4.2.4 条第 13 款和第 14 款的规定，在按本规范式 (4.2.4-6) 计算时，式中的雷电流应取等于 150kA。

因居住建筑多采用柱内钢筋作为引下线，而柱内箍筋及竖向钢筋自然形成金属网，满足第 1 ～ 2 款的要求，故可不考虑金属物或线路与引下线的间距。第 4 款强调在楼栋低压进线柜处安装电涌保护器类型，第 5 款强调在低压配电母线处安装电涌保护器类型，第 6 ～ 9 款重点阐述各场所安装的电涌保护器规格参数。

4.5.4 固定在建筑物上的节日彩灯、航空障碍信号灯及其他用电设备和线路应根据建筑物的防雷类别采取相应的防止闪电电涌侵入的措施，并应符合下列规定：

1. 无金属外壳或保护网罩的用电设备应处在接闪器的保护范围内。

2. 从配电箱引出的配电线路应穿钢管。钢管的一端应与配电箱和 PE 线相连；另一端应与用电设备外壳、保护罩相连，并应就近与屋顶防雷装置相连。当钢管因连接设备而中间断开时应设跨接线。

3. 在配电箱内应在开关的电源侧装设 II 级试验的电涌保护器，其电压保护水平不应大于 2.5kV，标称放电电流值应根据具体情况确定。

此处规范中的第 2 款，线路穿金属管、配电箱开关的电源侧装设 II 级试验的电涌保护器。这里的"开关"是指配电箱的进线开关。规范原意 SPD 应设于进线开关的上端头，但在实际使用和运行过程中，该类箱体的主进线开关不会断开，而断开的是分支回路的微断，本书仍按规范原意进行设计讲解。屋顶彩灯防雷做法见图集《建筑物防雷设施安装》15D501 第 42 页；屋顶防空障碍灯防雷做法见《建筑物防雷设施安装》15D501 第 43 页。

以下为设计实例。高压侧设置避雷器，在高压进线侧、出线侧均设置，见图 15-3。

低压侧母线上装设 I 级试验的电涌保护器，见图 15-4。

低压电源线路引入的总配电箱、配电柜处装设 I 级试验的电涌保护器，没有经过室外的配电箱可设 II 级试验的电涌保护器，见图 15-5。

引出屋顶及室外的配电线路、配电柜处装设 II 级试验的电涌保护器，见图 15-6。

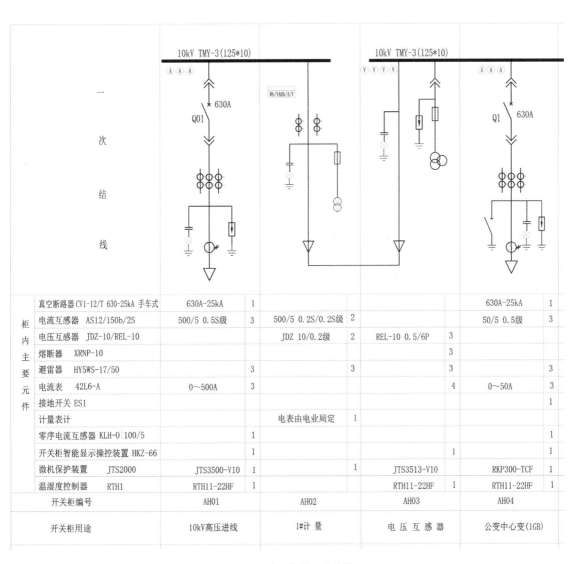

柜内主要元件	真空断路器 CV1-12/T 630-25kA 手车式	630A-25kA	1						630A-25kA	1
	电流互感器 AS12/150b/2S	500/5 0.5S级	3	500/5 0.2S/0.2S级	2			50/5 0.5级	3
	电压互感器 JDZ-10/REL-10			JDZ 10/0.2级	2	REL-10 0.5/6P	3		
	熔断器 XRNP-10						3		
	避雷器 HY5WS-17/50		3		3				
	电流表 42L6-A	0~500A	3				4	0~50A	3
	接地开关 ES1								1
	计量表计			电表由电业局定	1				
	零序电流互感器 KLH-O 100/5		1						1
	开关柜智能显示操控装置 HKZ-66		1				1		1
	微机保护装置 JTS2000	JTS3500-V10	1		1	JTS3513-V10		RKP300-TCF	1
	温湿度控制器 RTH1	RTH11-22HF	1			RTH11-22HF	1	RTH11-22HF	1
开关柜编号		AH01		AH02		AH03		AH04	
开关柜用途		10kV高压进线		1#计 量		电 压 互 感 器		公变中心变(1GB)	

图 15-3 高压侧设置避雷器

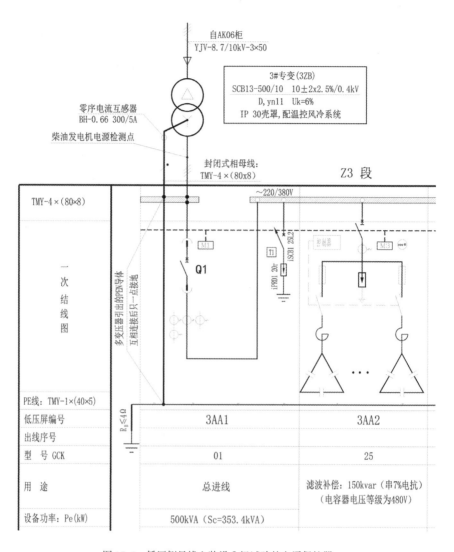

图 15-4　低压侧母线上装设 Ⅰ 级试验的电涌保护器

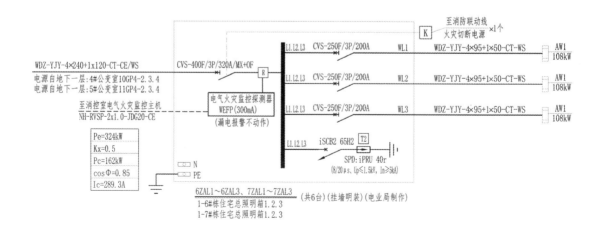

图 15-5　低压电源线路引入的总配电箱

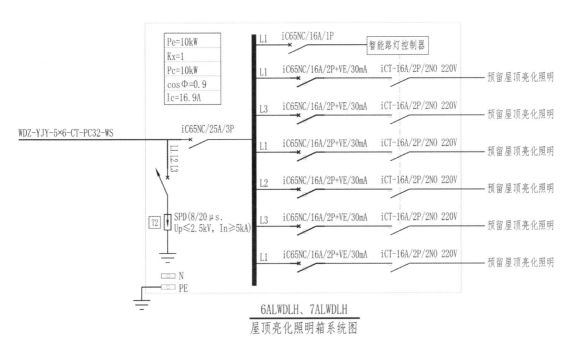

图 15-6 引出屋顶及室外的配电线路

第五节 接地设计

一、接地的分类

接地一般分为保护性接地和功能性接地，保护性接地包括防电击接地、防雷接地、防静电接地、防电蚀接地；功能性接地包括工作接地、逻辑接地、屏蔽接地、信号接地。

关于各种接地的定义，在这里不过多阐述，请查阅相关图书。对于居住建筑，一般将保护性接地和功能性接地共用接地网，要求其接地电阻不大于 1Ω。

二、接地极

接地极分为垂直接地极和水平接地极，可采用埋在地下混凝土内的钢筋，嵌入地基的地下金属结构网，垂直或水平埋入土壤的棒、线、条、管、板或接地极模块和符合当地条件或要求所设电缆的金属护套和其他金属护层。各接地极做法见《接地装置安装》14D504 图集第 10 ~ 29 页，图 15-7。

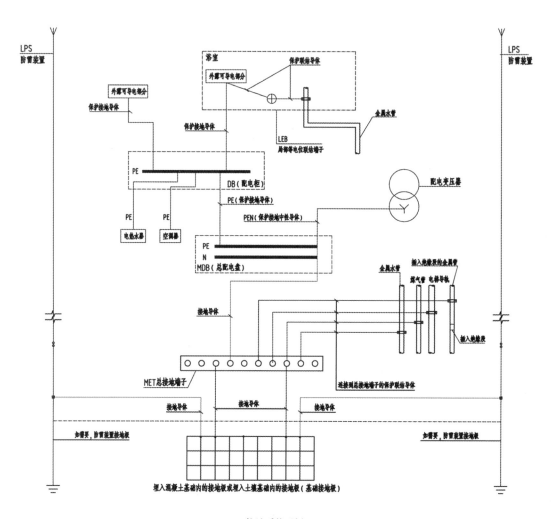

图 15-7　接地极做法

住宅建筑接地极应尽可能利用建筑物、构筑物基础内金属体及建筑物户外地下的金属体等自然接地极。

根据《建筑物防雷设计规范》GB 50057—2010 第 5.4.8 条，接地装置埋在土壤中的部分，其连接宜采用放热焊接，当采用通常的焊接方法时，应在焊接处做防腐处理。又据《电气装置安装工程 接地装置施工及验收规范》GB 50169—2016 第 4.3.1 条，接地极的连接应采用焊接。异种金属接地极之间连接时，接头处应采取防止电化学腐蚀的措施。

《建筑物防雷设计规范》GB 50057—2010 强调埋在土壤中的接地装置应采用热焊接，《电气装置安装工程 接地装置施工及验收规范》GB 50169—2016 强调接地极之间、接地线与接地极之间采用焊接。结合过往工程实际及验收情况，一类高层住宅中，底板上下两层钢筋作为水平接地极，水平接地极横向和纵向相交时，相交的四根钢筋应用同型号钢筋连接，一般均采用焊接。桩基内作为垂直接地极的对角钢筋也应与水平接地极钢筋焊通。

三、接地网

接地网包括水平接地极、垂直接地极及其相互连接的部分。

四、接地体／接地导体／接地线

《建筑物防雷设计规范》GB 50057—2010 相关条文解读：

5.4.1 接地体的材料、结构和最小尺寸应符合表 5.4.1 的规定。利用建筑构件内钢筋作接地装置应符合本规范第 4.3.5 条和第 4.4.5 条的规定。

本条主要约定不同材质接地体的规格。另外在施工过程中，若采用铜或铜覆钢材的接地导体连接，应采用放热焊接方式。钢接地导体的连接可采用搭接焊接方式、螺栓连接方式。做法见《接地装置安装》14D504 第 34 ～ 36 页，如表 5.4.1。

表 5.4.1 接地体的材料、结构和最小尺寸

材料	结构	最小尺寸			备注
		垂直接地体直径（mm）	水平接地体（mm²）	接地板（mm）	
铜、镀锡铜	钢绞线	—	50	—	每股直径 1.7mm
	单根圆铜	15	50	—	-
	单根扁铜	—	50	—	厚度 2mm
	铜管	20	—	—	壁厚 2mm
	整块铜板	—	—	500×500	厚度 2mm
	网格铜板	—	—	600×600	各网格边截面 25mm×2mm，网格网边总长度不少于 4.8m

续表

材料	结构	最小尺寸			备注
		垂直接地体直径（mm）	水平接地体（mm²）	接地板（mm）	
热镀锌钢	圆钢	14	78	—	—
	钢管	20	—	—	壁厚 2mm
	扁钢	—	90	—	厚度 3mm
	钢板	—	—	500×500	厚度 3mm
	网格钢板	—	—	600×600	各网格边截面 30mm×3mm，网格网边总长度不少于 4.8m
	型钢	注3	—	—	—
裸钢	钢绞线	—	70	—	每股直径 1.7mm
	圆钢	—	78	—	—
	扁钢	—	75	—	厚度 3mm
外表面镀铜的钢	圆钢	14	50	—	镀铜厚度至少 250μm，铜纯度 99.9%
	扁钢	—	90（厚3mm）	—	
不锈钢	圆形导体	15	78	—	—
	扁形导体	—	100	—	厚度 2mm

注：1. 热镀锌钢的镀锌层应光滑连贯、无焊剂斑点，镀锌层圆钢至少 22.7g/m²、扁钢至少 32.4g/m²；
　　2. 热镀锌之前螺纹应先加工好；
　　3. 不同截面的型钢，其截面不小于 290mm²，最小厚度 3mm，可采用 50mm×50mm×3mm 角钢；
　　4. 当完全埋在混凝土中时才可采用裸钢；
　　5. 外表面镀铜的钢，铜应与钢结合良好；
　　6. 不锈钢中，铬的含量等于或大于 16%，镍的含量等于或大于 5%，钼的含量等于或大于 2%，碳的含量等于或小于 0.08%；
　　7. 截面积允许误差为 -3%。

五、总接地端子／总接地母线

《建筑物电子信息系统防雷技术规范》GB 50343—2012 相关条文解读。

5.2.2 在 LPZ0A 区或 LPZ0B 区与 LPZ1 区交界处应设置总等电位接地端子板，总等电位接地端子板与接地装置的连接不应少于两处；每层楼宜设置楼层等电位接地端子板；电子信息系统设备机房应设置局部等电位接地端子板。各类等电位接地端子板之间的连接导体宜采用多股铜芯导线或铜带。连接导体最小截面积应符合表 5.2.2-1 的规定。各类等电位接地端子板宜采用铜带，其导体最小截面积应符合表 5.2.2-2 的规定。

本条主要规定设置总接地端子板的场所，楼层等电位接地端子板、局部等电位接地端子板的设计与连接等事宜，如图 15-8。

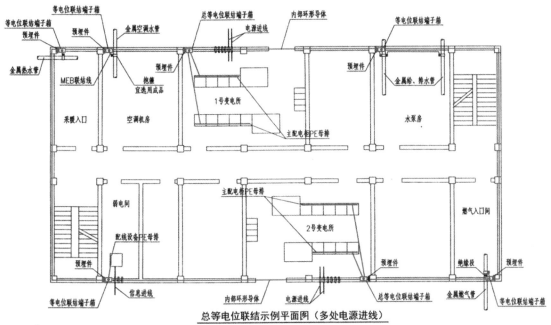

图 15-8　总等电位联结示意图

建筑物中可设多个总接地端子板，总接地端子板除应与接地网连接外，还应通过"内部环形导体"连接，内部环形导体可采用 25mm² 铜导线（需套管）或 40mm×4mm 热镀锌扁钢（通长焊接）。

六、保护导体

供电变压器设置在建筑物外，其低压采用 TN 系统时，低压线路在引入建筑物处。PE 或 PEN 应重复接地，接地电阻不宜大于 10Ω。

电气装置的保护接地导体应单独与接地干线或 PE 干线相连接，严禁电气装置间的保护接地导体串联。

七、接地电阻

电力系统接地的接地电阻计算应满足《交流电气装置的接地设计规范》GB/T 50065—2011 相关章

节，当功能接地、保护接地、防雷接地、防静电接地、弱电系统功能接地共用一个接地装置时，接地电阻应满足所接系统的最低值要求。一般住宅建筑为 1Ω。

当自然接地体或人工接地体满足不了接地电阻的要求，可采用降阻剂。

八、接地平面图绘制

接地平面图如图 15-9。绘制接地平面图，需注意以下几个问题：

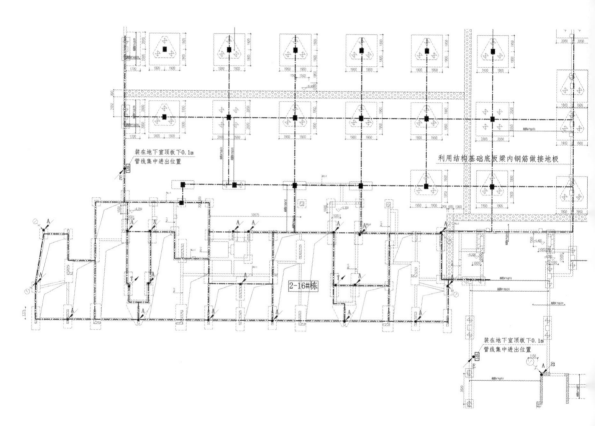

图 15-9　接地平面图（局部接地平面图）

第一，需要将每栋单体的防雷引下线按照对应位置拷贝到基础接地平面图上，并用不同的标号表示。

第二，强弱电井、设备用房、电梯井道等接地干线，分别利用邻近结构柱内的钢筋通长焊接，用不同的符号表示。

第三，总弱电机房、消防控制室等信息类机房，其接地平面图中应设置总接地端子。

第四，接地平面图中应将基础外围的底板内钢筋焊接成环。

第五，除标出防雷引下线、电井接地引下线、电梯接地引下线外，其余机房、设备间、电信间等功能用房的引上线应标注该类房间的具体楼层，具体说明及做法如表 15-1 及图 15-10、图 15-11。

表15-1 接地平面图说明

1. 本工程系统接地、保护接地、雷电保护接地、防静电接地、弱电系统接地共用统一的自然接地极，要求接地电阻不大于1Ω，若实测不满足要求时，增设人工接地极

2. 接地极的做法：采用埋于地下混凝土（预应力混凝土除外）内焊接的钢筋、嵌入地基的地下金属结构网、垂直或水平埋入土壤内的棒、线、条、板或接地极模块；符合当地条件或要求所设电缆的金属护套和其他金属护层；符合当地条件或要求所设置的其他适用的地下金属。本项目利用结构底板内钢筋自然绑扎、焊接、搭接联结成电气通路（请电气施工人员配合土建做好连接，平面图中不再表示利用结构底板内钢筋作为自然接地极）。将柱内作为引下线内的钢筋与结构底板内钢筋焊接连通，当无钢筋可利用时，采用Ø12圆钢可靠焊接，焊接面长度>6D

3. 各种接地引下线的下端均应与基础接地网可靠焊接，图中各种引下线的做法规定如下：各种接地极的做法见《接地装置安装》（14D504）第24～29页

 室外测试卡预埋钢板：150mm×60mm×6mm，距室外地坪+0.5m，位于柱外表面，与接地线焊接联通

 防雷引下线：利用结构柱（剪力墙）内一根直径不应小于10mm的钢筋或截面积总和不应小于一根直径10mm钢筋的截面积的多根钢筋通过箍筋绑扎或焊接连通，作为引下线，其上端与屋面接闪网焊接，下端与接地网焊接

 表示利用柱内2根Ø16主筋作为引下线，在距地下一层的电信间、通讯间、水泵房或地下室的室内地坪+0.3m处引出100mm×100mm×8mm的预埋板，与电信间、通讯间、水泵房、地下室内LEB等电位端子箱联结

 表示在电梯井处利用柱（或剪力墙）内金属构件，工字钢或Ø16以上钢筋作接地线，与接地体焊接相连（无金属构件时采用-40×4热镀锌扁钢），在距电梯基坑0.3m处引出100mm×100mm×8mm的预埋板，预埋板与电梯导轨相连，电梯导轨每50m与柱内钢筋作重复连接。电梯井道（基坑）局部等《等电位联结安装》15D502第24页

 公、专变室用接地干线：采用-80×8热镀锌扁钢下端与接地网焊接，上端与公专变室接地网连接。在公、专变室地面+0.3m预埋接地钢板：100mm×100mm×8mm（详见公、专变室接地平面图）

 表示利用柱内（剪力墙内）2根Ø16主筋作为引下线，在地下一层顶板下0.1m的室内柱或剪力墙上引出100mm×100mm×8mm的预埋板，与LEB等电位端子箱联结，LEB端子箱与引出地下室的金属预埋套管、金属水管等金属管采用BVR-1×4mm²-PC20可靠联结

4. 本建筑采用总等电位联结，其总等电位联结线必须与建筑物中的下列可导电部分做总等电位联结，如保护导体(保护接地导体、保护接地中性线)，电气装置总接地导体或总接地端子板，建筑物内的水管、燃气管，采暖和空调管道等各种金属干管，可接用的建筑物金属结构部分。总等电位联结主母线采用35mm²铜导线。总等电位连接做法见《等电位连接安装》（15D502）第10～16页）

5. 施工时应注意：作为引下线的多根钢筋连接处及其与接地网钢筋的交接处应可靠焊接，钢筋的焊接长度应大于钢筋直径的六倍。铜线与圆钢(或扁钢)连接处须用线鼻子过渡后焊接，所有焊接点均涂沥青防腐。地线管埋地端管口施工后用沥青封死，并满足防水要求。所有接地材料均采用镀锌件

续表

6. 其余未说明处均参照国标图集《等电位联结安装》14D502、《接地装置安装》15D504、《利用建筑物金属体做防雷及接地装置安装》15D503 的要求施工
7. 公、专变室接地见"公、专变室电气平面图"
8. 图例： **MEB** 总等电位接地箱　　 **LEB** 局部等电位接地箱　　 **SEB** 辅助等电位接地箱
"A" ▌接地钢板 100m × 100mm × 8mm

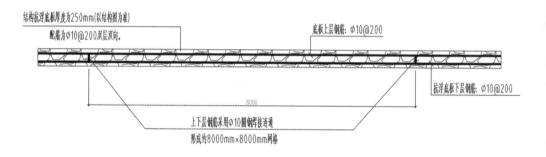

图 15-10　地下层底板水平接地极联结做法

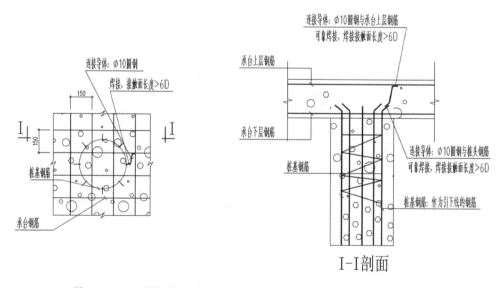

图 15-11　地下层抗浮底板水平接地极与桩基钢筋垂直接地极联结做法

本大样基础形式为人工挖孔桩和旋挖桩的接地做法，当为其他基础形式时（管桩、筏板基础等）则应参考《利用建筑物金属体做防雷及接地装置安装》15D503 相关章节。

九、等电位联结

建（构）筑物的电力和弱电/智能化系统电缆宜就近与水、热力、煤气等金属管道引入建筑物，做法见《等电位联结安装》15D502，金属管道和电缆的铠装应采用低阻抗导体与总接地端子联结，做法见《等电位联结安装》15D502 和《接地装置安装》14D504 图集。

建（构）筑物的防雷等电位联结的做法见《利用建筑物金属体做防雷及接地装置安装》15D503图集。

建筑物建议按楼层或功能单元设置等电位联结系统，各等电位联结系统宜至少用导体联结两次，做法见《等电位联结安装》15D502 图集。

游泳池、喷水池、浴室、浴盆、桑拿房、医疗场所、实验室场所应根据国标规范的要求设置等电位联结。做法见《等电位联结安装》15D502 第 18 ～ 25 页。

参考规范、图集、图书及常用软件

一、规范与图集

1. 《工程建设标准强制性条文》（房屋建筑部分）2013 年版

2. 《建筑设计防火规范》GB 50016—2014（2018 年版）

3. 《供配电系统设计规范》GB 50052—2009

4. 《20kV 及以下变电所设计规范》GB 50053—2013

5. 《低压配电设计规范》GB 50054—2011

6. 《通用用电设备配电设计规范》GB 50055—2011

7. 《建筑物防雷设计规范》GB 50057—2010

8. 《建筑物电子信息系统防雷技术规范》GB 50343—2012

9. 《建筑照明设计标准》GB 50034—2013

10. 《消防应急照明和疏散指示系统》GB 17945—2010

11. 《消防应急照明和疏散指示系统技术标准》GB 51309—2018

12. 《电力工程电缆设计标准》GB 50217—2018

13. 《住宅设计规范》GB 50096—2011

14. 《住宅建筑规范》GB 50368—2005

15. 《住宅建筑电气设计规范》JGJ 242—2011

16. 《商店建筑电气设计规范》JGJ 392—2016

17. 《建筑抗震设计规范》GB 50011—2010

18. 《建筑机电工程抗震设计规范》GB 50981—2014

19. 《民用建筑电气设计标准》GB 51348—2019

20. 《民用建筑设计统一标准》GB 50352—2019

21. 《低压流体输送用焊接钢管》GB/T 3091—2015

22. 《矿物绝缘电缆敷设技术规程》JGJ 232—2011

23. 《居民住宅小区电力配置规范》GB/T 36040—2018

24. 《综合布线系统工程设计规范》GB 50311—2016

25.《智能建筑设计标准》GB 50314—2015

26.《火灾自动报警系统设计规范》GB 50116—2013

27.《住宅区和住宅建筑内光纤到户通信设施工程设计规范》GB 50846—2012

28.《有线电视网络工程设计标准》GB/T 50200—2018

29.《安全防范工程技术标准》GB 50348—2018

30.《视频安防监控系统工程设计规范》GB 50395—2007

31.《民用闭路监视电视系统工程技术规范》GB 50198—2011

32.《公共广播系统工程技术标准》GB/T 50526—2021

33.《绿色建筑评价标准》GB/T 50378—2019

34.《电气装置安装工程接地装置施工及验收规范》GB 50169—2016

35.《建筑电气工程施工质量验收规范》GB 50303—2015

36.《1kV 及以下配线工程施工与验收规范》GB 50575—2010

37.《建筑物防雷工程施工与质量验收规范》GB 50601—2010

38.《电气装置安装工程电缆线路施工及验收标准》GB 50168—2018

39.《电气装置安装工程旋转电机施工及验收标准》GB 50170—2018

40.《交流电气装置的接地设计规范》GB/T 50065—2011

41.《消防给水及消火栓系统技术规范》GB 50974—2014

42.《自动喷水灭火系统设计规范》GB 50084—2017

43.《建筑防烟排烟系统技术标准》GB 51251—2017

44.《民用机场飞行区技术标准》MH 5001—2013

45.《电梯制造与安装安全规范》GB 7588—2003

46.《民用建筑电气防火设计规程》DGJ 08—2048—2016

47.《常用风机控制电路图》16D303-2

48.《常用水泵控制电路图》16D303-3

49.《防雷与接地设计施工要点》15D500

50.《建筑物防雷设施安装》15D501

51.《等电位联结安装》15D502

52.《接地装置安装》14D504

53.《利用建筑物金属体做防雷及接地装置安装》15D503

54.《建筑电气常用数据》19DX101-1

55.《民用建筑电气设计与施工 上册》D800-1 ~ 3（2008 年合订本）

56.《民用建筑电气设计与施工 中册》D800-4 ~ 5（2008 年合订本）

57.《民用建筑电气设计与施工 中册》D800-4 ~ 5（2008 年合订本）

58.《室内管线安装》D301-1 ~ 3（2004 年合订本）

59.《110kV 及以下电缆敷设》12D101-5

60.《母线槽安装》19D701-2

61.《常用低压配电设备及灯具安装》D702-1 ~ 3（2004 年合订本）

62.《电气竖井设备安装》04D701-1

63.《电气照明节能设计》06DX008-1

64.《应急照明设计与安装》19D702-7

65.《火灾自动报警系统设计规范》图示 14X505-1

66.《有线电视系统》03X401-2

67.《住宅通信综合布线系统》YD/T 1384—2005

68.《建筑防烟排烟系统技术标准》图示 15K606

69.《建筑电气工程设计常用图形和文字符号》09DX001

70.《民用建筑电气设计计算及示例》12SDX101-2

71.《建筑电气制图标准》图示 12DX011

72.《全国民用建筑工程设计技术措施 2009- 电气》

二、参考书目

1.《工业与民用供配电设计手册》（第四版）

2.《照明设计手册》（第三版）

三、常用软件

1. 天正电气

2. AuToCAD